植物生长环境

高职高专土建施工与规划园林系列『十二五』规划教材

主审　李本鑫

主编　李晨程　李静

编委　王晨程　李静
　　　王楠　王帅　李小艳
　　　李晨程　李静　赵晓明

华中科技大学出版社
http://www.hustp.com
中国·武汉

内 容 提 要

本书是高等职业教育种植类专业系列教材之一,其建设贯彻了以农业生长环境调控职业岗位能力培养为中心的理念,根据工学结合的目标和要求,以典型的工作过程为导向,将将相关知识的学习贯穿于完成工作任务的过程中,通过具体的实施步骤完成预定的工作任务,体现工学结合的课程改革思路,突出实用性、针对性,使技能训练与生产实际零距离结合。

本书包括植物生长与环境概述、植物生长的植物学知识、植物生长土壤环境调控、植物生长水环境调控、植物生长温度环境调控、植物生长光环境调控、植物生长营养环境调控、植物生长气候环境调控、植物生长生态环境调控、植物生长的物质循环调控等 10 个项目。学生可以在完成每一项具体任务时领会知识,学习技能。本书以项目教学突出应用性、实用性与操作性,以技能培养为主,体现了当前高职教育的特点。

本书可作为高职高专院校园林、园艺、林学、观光农业、农学等专业学生的教材,也可作为园林草坪工作者的参考用书。

图书在版编目(CIP)数据

植物生长环境/李晨程,李静主编. — 武汉:华中科技大学出版社,2015.5 (2025.1重印)
高职高专土建施工与规划园林系列"十二五"规划教材
ISBN 978-7-5680-0940-9

Ⅰ.①植… Ⅱ.①李… ②李… Ⅲ.①植物生长-环境-高等职业教育-教材 Ⅳ.①Q945.3

中国版本图书馆 CIP 数据核字(2015)第 120076 号

植物生长环境
Zhiwu Shengzhang Huanjing

李晨程　李　静　主编

策划编辑:袁　冲
责任编辑:沈　萌
封面设计:原色设计
责任校对:李　琴
责任监印:张正林
出版发行:华中科技大学出版社(中国·武汉)　　电话:(027)81321913
　　　　　武汉市东湖新技术开发区华工科技园　　邮编:430223
录　　排:华中科技大学惠友文印中心
印　　刷:广东虎彩云印刷有限公司
开　　本:787mm×1092mm　1/16
印　　张:12.75
字　　数:320 千字
版　　次:2025 年 1 月第 1 版第 5 次印刷
定　　价:35.00 元

前　　言

　　本书的编写旨在为植物生产类、园林技术类、园艺技术类等专业的学生了解与掌握植物生长环境的基础知识、基本理论、基本技术提供合适的教材或参考书籍。本书将土壤肥料、农业气象两门课程融为一体，以基础知识"必需"、基本理论"够用"、基本技术"会用"为原则，删掉陈旧、烦琐、复杂的内容，并将植物生态学等与植物生长环境有关的内容有机地融合了进来。

　　本书是为适应高校教学工作，根据教育部高职高专教育培养人才的目标和教材建设要求，在课程教学大纲和课程教材编写大纲审定的基础上编写的专业课教材。本书在编写过程中注重贯彻能力本位原则、岗位群导向原则、与时俱进原则、适用性原则和启发性原则，结合了编者多年从事教学工作和实践所积累的经验，较好地突显了环境因素在植物生长过程中的作用，更具有针对性和实用性，突出了学生职业综合能力、专业技术能力的培养和发展需求。本书可作为高职高专园林、园艺、林学、观光农业、农学等专业学生的教材，也可作为相关层次人员培训、自学的参考用书。

　　云南林业职业技术学院李晨程和西昌学院农业科学学院李静担任本书的主编，制定了编写大纲，完成了全书的统稿工作。具体编写分工如下：李晨程负责编写项目7；李静负责编写项目8、项目10；吉林农业科技学院植物科学学院王楠负责编写项目2的任务1至任务4；吉林农业科技学院植物科学学院王帅负责编写项目2的任务5至任务9，以及项目5；吉林农业科技学院植物科学学院赵晓明负责编写项目1、项目6、项目9；西昌学院动物科学学院李小艳负责编写项目3、项目4。此外，黑龙江生物科技职业学院李本鑫副教授审阅了全稿，提出了许多修改意见。本书在编写过程中，得到了许多高校同行的大力支持，获得了许多宝贵意见。在此一并致谢！

　　在本书的编写过程中，尽管编者有着明确的目标和良好的追求，但由于水平有限，本书离既定目标和编写要求还有一定的差距，错误和疏漏之处在所难免，恳请读者批评指正。

编　者
2015 年 5 月

目　　录

植物生长环境

项目 1　植物生长与环境概述

【项目目标】

掌握植物生长发育的有关概念,了解植物生长发育的基本规律、植物生产的作用与特点、植物生长的环境特点和植物生长环境的调控技术。

【项目说明】

广义的环境是指以某一事物为中心的各种条件的总和。据此概念,环境条件随中心事物的变化而变化。植物的环境就是指植物生命活动的外界空间、物质及能量的总和,它不仅包括对其有影响的自然环境,而且包括动物、植物、微生物等生物有机体。狭义的环境(人工环境)是指环境条件主要或部分被人为控制的环境,如人工气候温室等。这些环境可以进行人为的调控,如根据热带植物的生长特点,对人工气候温室的光照、温度、水分等进行调控。

人工环境对农、林、畜牧业生产和植物保护具有重要意义,大多数农、林、畜牧产品都直接或间接来自人工环境,人们可以通过对农田的投入提高粮食产出,也可以通过调节温室环境获得反季节蔬菜、瓜果、鲜花等。

任务 1　植物生产概述

【任务重点】

植物生产在农业生产中的重要地位和作用,植物生产的特点,环境条件对植物生产的重要性,植物生长环境课程的学习方法。

【任务难点】

植物生产在我国农业及国民经济中的地位和作用,植物生产的特点。

【任务内容】

一、植物生产在我国农业及国民经济中的地位和作用

1. 人们生活资料的重要来源

人们生活消耗的粮食、水果、蔬菜几乎全部来自植物生产。我国80%的服装原料来自植物生产。

2. 工业原料的重要来源

植物生产为工业生产提供原料。我国40%的工业原料、70%的轻工业原料来自植物生产。

3. 农业的基础产业

畜牧业、渔业、林业等在很大程度上依赖于植物生产。

4. 农业现代化的组成部分

植物生产是农业的基础,没有现代化的植物生产,就没有现代化的农业。

二、植物生产的特点

植物生产是以植物为对象、以自然环境条件为基础、以人工调控为手段、以社会经济效益为目标的社会性产业。与其他的社会物质生产相比,植物生产具有以下几个鲜明的特点。

1. 系统的复杂性

植物生产是一个有序列、有结构的系统,受自然和人为的多种因素的影响和制约。它是由各个生产环节所组成的一个统一的整体。

2. 技术的实用性

植物生产是把生命科学、农业科学的基础理论转化为实际生产技术和生产力的过程,主要研究、解决植物生产中的实际问题,其技术必须具有实用性和可操作性,力争做到简便易行、省时省工、经济安全。

3. 生产的连续性

植物生产的每个周期内,各个环节之间相互联系,互不分离;前一环节是后一环节的基础,后一环节是前一环节的延续。植物生产是一个不断循环的周期性产业。

4. 植物生长的个体生命周期性

植物生长发育过程体现了显著的季节性、有序性和周期性。

5. 明显的季节性

由于植物生产依赖于大自然的周期变化,因此不可避免地会受到季节的强烈影响。

6. 严格的地域性

不同的地区,其纬度、地形、地貌、气候、土壤、水利等自然条件也不同,其社会经济、生产条件、技术水平等也会有差异,从而构成了植物生产的地域性。

三、环境条件对植物生产的重要性

1. 光对植物生产的重要性

光在植物生产中的重要性体现在以下两个方面:①光对植物形态器官的形成具有重要作用(直接作用);②植物可利用光提供的能量进行光合作用,合成有机物质,为植物生长发育提供物质基础(间接作用)。

2. 温度对植物生产的重要性

植物生长发育对温度有一定的要求。在植物生产中,温度的昼夜和季节变化不仅会影响植物的干物质积累甚至产品的质量,而且会影响植物正常的生长发育。植物正常的生长发育及其过程必须在一定的温度范围内才能完成。

3. 水分对植物生产的重要性

水是生命起源的先决条件,没有水就没有生命。植物的一切正常生命活动都必须在细胞含有水分的情况下才能发生。植物对水分的依赖性往往超过了对任何其他因素的依赖性。

4. 土壤对植物生产的重要性

一个良好的土壤环境应该能使植物"吃得饱"(养料供应充足)、"喝得足"(水分供应充足)、"住得好"(空气流通、温度适宜)、"站得稳"(根系牢固且能伸展开)。

5. 肥料对植物生产的重要性

肥料是植物的粮食,在植物生产中起着如下重要作用:①改良土壤,提高土壤肥力;②促进植物整株及植株某一部位生长;③改善植物的商业品质、营养品质和观赏品质等。

四、植物生长环境课程的学习方法

植物生长环境课程是一门综合性较强的种植专业通用必修课程,在学习过程中应当把握以下几点。

(1) 从整体上把握教材内容。

(2) 坚持理论与实践的紧密结合。植物生长环境课程是一门理论性较强的课程,但学习理论的目的在于指导实践,因此,在本课程的学习过程中,一定要注意将所学的理论知识与农业生产的实践紧密结合起来。

(3) 从实际出发,因地制宜,灵活运用。在本课程的学习过程中,一定要结合本地区的实际情况,从实际出发,灵活运用教材内容。

(4) 注重实践性教学环节,加强基本技能的培养。

【复习思考】

(1) 简述植物生产在我国农业及国民经济中的地位和作用。

(2) 与其他物质生产相比,植物生产的特点有哪些?

(3) 简述环境条件对植物生产的重要性。

任务 2　植物的生长发育与环境

【任务重点】

种子萌发的过程和条件,植物生长的相关性,植物开花原理在农业生产中的应用,生长与发育的概念及其相互关系。

【任务难点】

光周期对植物生长发育的影响,植物开花原理在农业生产中的应用。

【任务内容】

植物生长发育是一个十分重要的生理过程,包括生长、分化和发育三个既有区别又有联系的生命过程。

一、植物的生长发育

(一) 生长和发育的概念

在植物的一生中,有两种基本生命现象,即生长和发育。生长是指植物在体积和重量上的增加,是一个不可逆的量变过程。生长是通过植物细胞的分裂、伸长来体现的。发育是指植物在形态、结构和机能上发生质变的过程。发育表现为植物细胞、组织和器官的分化形成。

（二）生长和发育的关系

1. 区别

生长是植物生命过程的量变过程，而发育是植物生命过程的质变过程。

2. 联系

在植物生长周期中，生长和发育是交织在一起的，二者互相依存、不可分割，具有密切的"互为基础"关系。

（三）植物的营养生长和生殖生长

1. 概念

植物的生长发育可分为营养生长和生殖生长，一般以花芽分化为界限。植物的营养器官（根、茎、叶等）的生长称为营养生长，它是指以分化、形成营养器官为主的生长。植物的生殖器官（花、果实、种子等）的生长称为生殖生长，它是指以分化、形成生殖器官为主的生长。

2. 营养生长和生殖生长的关系

营养生长和生殖生长关系密切。营养生长是生殖生长的必要准备。同时，二者也存在矛盾，即如果营养生长过于旺盛，必然会影响生殖生长，造成植物生长不协调，而营养生长不良也会影响生殖生长。只有营养生长和生殖生长相协调，植物的生长发育才会理想。

（四）植物生长的细胞学基础

1. 植物生长的细胞学基础概述

植物的生长是以细胞的生长为基础的，细胞的生长分为三个时期。

（1）分裂期。原生质迅速增加，达到协调、不影响内部生理生化变化时，细胞即开始分裂（有丝分裂）。

（2）伸长期。细胞停止分裂，体积增大，并开始大量吸水；同时，构成细胞核、细胞质、细胞壁的结构物质含量提高，代谢旺盛。

（3）分化期。细胞伸长停止，形态发生变化，形成各种各样的细胞。细胞在形态和机能上的变化称为分化。

2. 细胞分化及其影响因素

植物细胞与动物细胞的差别之一就是植物细胞具有全能性。植物细胞的全能性是指每个植物的体细胞或性细胞都具有该植物的全套遗传基因，因此在一定的培养条件下，每个细胞都可发育成一个与母体一样的植株。要使植物细胞的全能性体现出来，形成完整的植株，细胞除了生长以外，还要经过分化、脱分化和再分化等过程。

3. 组织培养

广义的植物组织培养又叫离体培养，是指从植物体分离出符合需要的组织、器官或细胞、原生质等，通过无菌操作，在人工控制条件下进行培养以获得再生的完整植株或生产具有经济价值的其他产品的技术。狭义的植物组织培养是指对植物各部分组织（如形成层、薄壁组织、叶肉组织、胚乳等）进行培养获得再生植株的技术，也指在培养过程中从各器官上产生愈伤组织的培养，愈伤组织可经过再分化形成再生植株。

二、种子的萌发与环境

植物学中的种子是指由胚珠受精后发育而成的有性生殖器官。作物生产中所说的种子则泛指用来繁殖下一代作物的播种材料,通常包括由胚珠发育而成的种子、由子房发育而成的果实,以及进行无性繁殖的根、茎等营养器官。

(一)种子的休眠

1. 种子休眠的意义

绝大多数种子成熟后,遇到适宜的条件就可萌发,但有些种子即使条件适合也不萌发,必须经过一段时间后才能萌发,这种生长暂时停顿的现象称为休眠(生理性休眠、熟休眠)。对因不具备萌发条件而不能萌发的现象,从广义上讲也可称为休眠,但因是被迫处于静止状态,故称之为强迫休眠或外因性休眠。

2. 种子休眠的原因

种子休眠的原因主要有种皮透性不良、胚未成熟、存在抑制物质等。

3. 种子休眠的调控

打破休眠是指根据引起休眠的不同原因采取不同的措施来对休眠进行调控。如种皮坚实引起的休眠,可采取机械破坏、硫酸腐蚀、脂溶等手段来打破。

(二)种子萌发的过程

种子萌发的过程如下。

(1)吸胀:种子细胞的细胞壁、原生质和储藏的淀粉等吸水膨胀,使种子体积增大。

(2)萌动:种子胚乳和子叶中储藏的养料分解转化,用于构成新细胞,使胚生长,当胚根突破种皮,露出白嫩的根尖时,即称萌动(露白)。

(3)发芽:种子萌动后,胚根伸长扎入土中形成根,胚轴伸长将胚芽推出地面,当根与种子等长、胚芽长度等于种子长度的一半时,即称发芽。

(三)种子萌发的条件

种子萌发的条件如下。

(1)种子萌发的内部条件:种子具有生活力或具有完整而健康的胚。

(2)种子萌发的外界条件:适当的水分、适宜的温度和足够的氧气。

三、植物营养生长与环境

(一)植物生长的周期性

1. 植物生长大周期

植物生长过程中,其生长速度具有"慢—快—慢"这一共同规律,即开始生长慢,而后生长速度逐渐加到最快,然后又减慢,直至停止生长。植物生长的这三个阶段综合起来即称为植物生长大周期。

植物生长大周期与植物一生中光合面积和生命活动的变化有关。生长初期,植物生命活动虽强,但光合面积小,根系不甚发达,合成有机物较少,限制了生长速度。生长中期,植物光合面积扩大,根系扩展,生命活动加强,合成有机物增多,各器官生长加快。进入生长后期,植物趋向衰老,一部分器官的生命活动已减弱,根系停止生长,光合面积逐渐减小,除生殖、结实器官外,已无器官生长,生长转慢。

了解植物生长大周期在生产上具有重要的实践意义:植物生长是不可逆的,一切促进或抑制植物生长的措施必须在植物生长最快速度到来之前施行。

2. 周期性

植物生长在一定时间内表现出的节奏性变化称为植物生长的周期性。根据周期性与环境的关系可将周期性分为昼夜周期性和季节周期性。

植物的生长随昼夜变化而表现出的节奏性变化称为昼夜周期性。植物的生长随季节变化而表现出的节奏性变化称为季节周期性。

3. 无限性

植物生长与动物生长有本质的不同,动物的生长只是各种器官的生长和增大,不再形成新的器官,并且有一定的生长限度。植物由于存在始终保持胚胎状态的顶端分生组织和侧生分生组织,一生中不仅能不断长高、增粗,还能不断产生新的器官。植物生长的无限性表明了植物的可塑性,也给植物生产提供了可控性。

(二) 植物生长发育的影响因素

植物生长发育取决于植物内部的营养状况、激素水平和外界的环境因素。

1. 营养状况

营养是植物生长发育的物质和能量基础。营养物质是植物体的建筑材料,为植物生命活动过程提供所需的能量。只有具备良好的营养状况,植物才能正常生长。

2. 植物激素

植物激素是植物体内正常生理活动产生的生理活性物质。植物除需要满足营养物质供应外,还需要在各种激素的调节下,才能以适宜的速度生长发育。

3. 影响植物生长发育的环境条件

影响植物生长发育的环境条件主要有光照、温度、空气、土壤、水分、肥料等。这里以花卉为例进行说明。

1) 光照与花卉的生长发育

光照是花卉进行光合作用的必要条件,光照充足时,光合作用旺盛,积累的有机养分多,花卉生长发育良好,花大且多。

2) 温度与花卉的生长发育

温度是花卉生长发育的重要条件之一。在 4~36 ℃的范围内,多数花卉都能生长,但比较适宜的温度是 10~25 ℃。不同花卉的生长发育对温度的要求不同。

3) 空气与花卉的生长发育

花卉的生长发育是离不开空气的。花卉的呼吸也离不开空气。花卉的根在土壤里生长,也需要空气。当土壤中水分过多,空气含量少时,就会造成根呼吸困难,时间长了,还会导致花卉死亡。

4) 土壤与花卉的生长发育

土壤是花卉生长发育的基础。花卉大多喜欢疏松肥沃、排水良好、富含有机质的土壤。

5) 水分与花卉的生长发育

水分是花卉生长发育不可缺少的重要条件。花卉通过根部吸水,输送到各个器官,水分供应不足时,枝叶就会枯萎。水可溶解土壤中的营养物质,被根部吸收后,输送到各个器官。水分是花卉制造营养物质的重要原料之一,可通过光合作用为花卉输送有机养料,同时水分还直接影响着花芽的正常分化。此外,花卉还可依靠水分调节体内温度。

6) 肥料与花卉的生长发育

花卉需要的养分,除可从土壤中吸收外,还可以从肥料中获取。花卉生长发育所需要的元素主要是氮、磷、钾元素,另外还需要铁、硼、锰、铜、锌、钼等少量微量元素。各种元素既有其独特作用,也需要互相协调配合,这样才能使花卉正常生长发育,开出理想的花,结出丰硕的果。

(三)植物运动

高等植物虽不能做整体运动,但植物体的局部因受到各种因素的刺激也可发生小范围的移动。高等植物的运动根据其对刺激源的反应不同可分为向性运动和感性运动两大类。

(四)植物的衰老

1. 概念

植物的衰老是指一个器官或整棵植株生理功能逐渐恶化,最终自然死亡的过程,是生长界的一个普遍规律。

2. 影响因素

植物的衰老受内在因素的影响。许多实验证明,除了遗传因素之外,植物体内脱落酸和乙烯含量的增多,也会加速叶片衰老。另外,环境因素如高温、干旱、缺少氮肥、短日照等都会加速植物的衰老。尤其是短日照,它是导致植物自然衰老的主要因素。

(五)植物生长的相关性

植物的各部分既有一定的独立性,又是一个统一的整体。植物体各个部分的生长不是孤立的,而是密切联系的,既相互促进,又相互制约,植物各部分间相互促进与制约的现象称为植物生长的相关性。

1. 地上部分与地下部分的相关性

植物地上部分与地下部分相互交流,其地下部分重量与地上部分重量只有保持一定的比例(即根冠比),植物才能正常生长。此外,环境条件、栽培技术对植物地下部分与地上部分的生长也会产生影响。

2. 主茎与侧枝的相关性

顶端优势是指由于植物的顶端生长占优势而抑制侧芽生长的现象。植物的主根与侧根也存在顶端优势现象。

3. 营养生长和生殖生长的相关性

营养生长是生殖生长的基础,一般营养生长适度,生殖生长才较好。在营养生长和生殖生长并进阶段,两者会产生矛盾:若营养生长过于旺盛,则生殖生长不良;若营养生长不良,则又会影响生殖生长。在生殖生长期,营养生长仍在进行,要注意控制,促使二者协调发展。

(六)植物的极性现象与再生现象

1. 极性现象

植物的极性现象是指植物某一器官的上、下两端在形态和生理上有明显差异,通常是上端生芽、下端生根的现象。生产上进行植物的扦插、嫁接时必须注意极性,不能颠倒,否则将影响其成活率。

2. 再生现象

植物的再生现象是指植物失去某一部分后,在适宜的环境条件下,能逐渐恢复其所失去

的部分,再形成一个完整的新个体的现象。同时,植物体的离体部分在适宜的环境条件下也能逐渐恢复其缺损的部分,重新形成完整的植株。植物的再生现象是扦插、压条繁殖的生理基础。

四、植物的生殖生长与环境

(一)春化作用

许多秋播植物在其营养生长期必须经过一段时间的低温诱导,才能转为生殖生长(开花、结实)的现象,称为春化作用。根据植物进行春化作用所需温度和时间的不同,可将春化作用分为冬性类型、半冬性类型和春性类型三种。

(二)光周期现象

植物对日照长短的规律性变化的反应,称为光周期现象。按照植物对光周期反应的不同,可将植物分为三类:长日照植物,即日照长度必须长于某一临界日长(一般为12小时以上),或者说暗期必须短于一定时数才能开花的植物;短日照植物,即日照长度只有短于其所要求的临界日长(一般为12小时以下),或者说暗期必须超过一定时数才能开花的植物;日中性植物,即对日照长短没有严格要求、任何日照下都能开花的植物。

光周期对植物花芽分化、开花、结实、分枝及某些地下器官(块茎、块根、球茎、鳞茎等)的形成有着重要影响。

(三)植物开花原理在农业生产上的应用

1. 引种

短日照植物南种北引时,生育期会延长;北种南引时,生育期会缩短。长日照植物则相反。因此,对于长日照植物,如果要南种北引,应引中、晚熟品种;北种南引时,应引早熟品种。对于短日照植物则相反。

2. 育种

通过人工光周期诱导,可以加速良种繁育,缩短育种年限;还可以通过人工控制温度和光照时间,促进或延迟植物开花,使花期相遇,进行杂交。

3. 控制花期

通过低温处理,可促进植物开花;通过解除春化作用,可控制某些植物开花;通过人工控制光周期,可使花卉植物提前或推迟开花。

【复习思考】

(1)种子萌发的过程包括哪三个阶段?影响种子萌发的环境条件有哪些?

(2)植物生长的相关性包括哪些内容?如何利用植物生长的相关性来指导农业生产实践?

(3)如何运用植物的极性现象与再生现象来指导农业生产实践?

任务3 植物的逆境生理

【任务重点】

植物的抗旱性、植物的抗寒性、植物的盐害及抗盐性、植物的涝害及抗涝性。

【任务难点】

植物的抗寒性。

【任务内容】

一、植物的逆境生理概述

对植物生存与生长不利的环境因子总称为逆境,也就是在自然界中,植物所需要的某种物理的、化学的或生物的环境因子发生亏缺或过剩(低于或超出植物所需的正常水平),并对植物的生长发育产生伤害效应的环境因子,都称为逆境。

植物对逆境的抵抗方式主要有三种:一是避逆法,二是耐逆法,三是御逆法。不良的环境条件对植物的生理过程和生长发育都会造成危害,植物轻则生长发育不良,重则死亡。

二、植物的抗旱性

水分过度亏缺的现象称为干旱,它是全球性农业生产中的重大灾害。植物对干旱环境的适应或抵抗能力称为植物的抗旱性。

（一）干旱的类型

干旱的类型主要有大气干旱、土壤干旱、生理干旱三种。

（二）干旱对植物的危害

植物蒸腾失水超过根系吸水时,水分平衡失调,细胞失去紧张度,叶片和茎的幼嫩部分下垂,这种现象叫作萎蔫。萎蔫分为暂时萎蔫和永久萎蔫两种。

干旱对植物的危害表现在以下几个方面:使原生质胶体发生变化,导致体内各部位间水分重新分配,破坏正常的物质代谢过程,导致呼吸作用增强。

（三）干旱使植物死亡的原因

干旱使植物死亡的原因有以下几种。

1. 改变了膜的结构及透性

当植物细胞失水时,原生质膜的透性增加,大量的无机离子和氨基酸、可溶性糖等小分子被动向组织外渗漏。细胞溶质向外渗漏的原因是脱水破坏了原生质膜脂类双分子层的排列。正常状态下的膜内脂类分子靠磷脂极性同水分子连接,所以膜内必须要有一定的束缚水时才能保持这种膜内脂类分子的双层排列。而干旱使得细胞严重脱水,膜内脂类分子结构随之发生紊乱,最终导致膜的透性发生改变。

2. 破坏了正常的代谢过程

细胞脱水会抑制合成代谢而加强分解代谢,即干旱会使合成酶活性降低或失活而使水解酶活性增强。

3. 机械性损伤

干旱对细胞的机械性损伤可能会使植物立即死亡。细胞干旱脱水时,液泡会收缩,对原生质产生一种向内的拉力,使原生质和与其相连的细胞壁同时向内收缩,在细胞壁上形成很多折叠,损伤原生质的结构。如果此时细胞骤然吸水复原,会引起细胞质、细胞壁不协调膨胀而把粘在细胞壁上的原生质撕破,导致细胞死亡。

（四）提高植物抗旱性的途径

1. 抗旱锻炼

抗旱锻炼就是使植物处于适当的缺水条件下,经过一定时间后,使之适应干旱环境的方法。目前在农业生产上已提出许多抗旱锻炼的方法,如"蹲苗""搁苗""饿苗"等。

2. 矿质营养

氮、磷、钾等元素在调节作物体内各种代谢活动方面起着相当重要的作用。大量研究表明,提高氮素营养水平,尤其是在作物生长发育后期施氮肥,有促进作物早熟的作用。营养元素能促进作物早期营养生长,增加根系重量、长度、密度,增强根系向土壤深层扩展的能力,有利于作物更有效地利用土壤的深层储水,而使植物保持良好的水分状态。此外,由于营养元素改善了作物体内的生理活动,促进了作物的生长、光合作用、同化物运输等,使干物质量和产量猛增,从而提高了作物的水分利用效率。

3. 生长延缓剂及抗蒸腾剂的使用

目前在农业生产上应用比较多的生长延缓剂是矮壮素(CCC),它可以促进作物叶气孔关闭,减少蒸腾失水,具有明显提高作物抗旱性的作用。虽然脱落酸也具有这种生理功能,但价格高,缺乏实际应用价值。脱落酸既是一种生长延缓剂,又是一种抗蒸腾剂。一般旱地作物在干旱来临前喷施 CCC 对其抗旱、增产是有利的。

三、植物的抗寒性

低温对植物的危害,按低温程度和植物受害情况的不同,可分为冻害和冷害两种。植物抗寒性包括抗冻性和抗冷性。

（一）冻害

0 ℃以下的低温对植物造成的危害,称为冻害。其中,与农业生产关系密切的冻害是霜害。冻害常引起植物组织结冰,使植物受伤甚至死亡。植物对 0 ℃以下低温的适应或抵抗能力称为植物的抗冻性。

1. 冻害对植物的影响

1）植物含水量下降

秋末冬初,随着温度的下降,秋播作物和木本植物的生长速度逐渐减慢,其根系对水分的吸收能力逐渐减弱,植物含水量逐渐减少。随着抗寒锻炼的进行,细胞内亲水性胶体增加,束缚水含量相对增加,自由水含量则相对减少。束缚水含量的相对增多,有利于植物抗冻性的增强。含水量极低的植物组织、器官或有机体,如种子、花粉粒、细菌或真菌的孢子等,能忍受极低的温度,可见,植物忍耐冻害的程度与其含水量密切相关。

2）呼吸减弱

大多数植物的呼吸速率随着温度的下降逐渐下降,一般下降到正常呼吸速率的1/200,并且抗冻性越强的植物,其呼吸速率下降得越显著。细胞呼吸微弱时,消耗糖分少,有利于糖分保存,从而有利于对不良环境条件的抵抗。

3）脱落酸等物质含量增多

随着秋季日照变短、气温降低,许多树木的叶片逐渐形成较多的脱落酸,脱落酸被运输到生长点(芽)后,会抑制茎的生长。与此同时,树木开始形成休眠芽,进入休眠阶段,以提高其抗冻性。

4）可溶性糖增多

在温度下降的时候,淀粉水解作用加强,可溶性糖(主要是葡萄糖和蔗糖)的含量增加。除少数例外,可溶性糖的含量与植物的抗冻性之间呈正相关,抗冻性强的植物,在低温时其可溶性糖的含量比抗冻性弱的植物高。

2. 提高植物抗冻性的途径

1）抗冻锻炼

进入秋季后,随着温度的降低,植物会发生一系列适应低温的生理生化变化,通过这些变化提高抗冻能力,这种逐步形成抗冻能力的过程叫作抗冻锻炼。

2）化学控制

化学控制主要是通过喷施一些化学药物来控制植物生长和提高其抗冻能力。有关天然激素和生长延缓剂与抗冻关系的研究表明,有些植物经过长日照处理后会降低其抗冻能力,主要原因是长日照会诱导其产生赤霉酸,而赤霉酸可以降低其抗冻性。

3）综合农艺措施

作物抗冻性的形成是对各种环境条件的综合反应,因此环境条件如日照、雨水、温度等都可决定作物抗冻性的强弱。秋季日照不足,秋雨连绵,干物质积累不足,或者土壤过湿会导致根系发育不良。温度忽高忽低,或者氮素过多等都会影响作物的抗冻锻炼。因此在农业生产上,应该改善作物生长发育的状况,加强田间管理,防止冻害发生。

（二）冷害

冷害是指0℃以上的低温对植物造成的伤害。亚热带和热带植物常常遭受冷害。植物对0℃以上低温的适应或抵抗能力称为植物的抗冷性。在我国,冷害经常发生在早春和晚秋作物上,冷害主要在作物苗期和籽粒或果实成熟期对作物造成伤害。

1. 冷害对植物的影响

1）细胞膜结构破坏,原生质透性增大

低温会使膜中的脂类固体化,降低膜的流动性,导致膜收缩而出现裂缝或通道,从而使膜的透性增大,电解质外渗,电导率增加。

2）水分代谢失调

植物经过0℃以上的低温伤害后,吸水能力和蒸腾速率都显著下降。从水分平衡来看,受伤害后的植物根部活力降低,根压微弱,但是蒸腾仍保持着一定速率,蒸腾速率显著大于吸水速率,植物体内的水分平衡因此遭到破坏,植物随之出现芽枯、顶枯、茎枯和落叶等现象。抗冷性强的品种,失水较少;抗冷性弱的品种,失水较多。水稻秧苗在寒潮过后,出现"干尾"现象,就是由水分代谢失调造成的。

3）光合速率降低

低温会影响叶绿素的生物合成和光合速率,如果光照不足(寒潮来临时往往带来阴雨),这种影响则更为严重。实验证明,随着低温天数的增加,秧苗叶绿素含量逐渐降低。叶绿素被破坏,加之低温又会影响酶的活性,因而光合速率下降。冷害时间越长,光合速率下降幅度越大。

4）呼吸作用大起大落

受低温的影响,许多植物在冷害初期,呼吸速率会升高。随着低温的加剧或者低温时间的延长,至病症出现的时候,呼吸速率会更高。

5）有机物分解占优势

秧苗受冷害以后,分解蛋白质的酶活性显著增加,蛋白质分解速率大于合成速率。随0 ℃以上低温时间的延长,蛋白氮逐渐减少,可溶性氮逐渐增多,游离氨基酸的数量和种类都逐渐增加。

2. 提高植物抗冷性的途径

1）低温锻炼

低温锻炼是提高植物抗冷性的一种很有效的途径。很多植物如预先给予适当的低温锻炼,即可经受住更低温度的影响,不致受伤害。否则,就会在突然遇到低温时受到灾害性影响。例如,春季温室、温床育苗时,在露天移栽前,必须先降低室温或床温,这样,幼苗移栽至大田后其抗冷性才较强,否则很容易受伤害。

2）化学诱导

关于使用化学药物提高植物的抗冷性的报道已有不少。玉米、棉花种子在播种前用福美双处理,可提高玉米、棉花植株的抗冷性。细胞分裂素、脱落酸等激素也能提高植物的抗冷性。

3）调节氮、磷、钾的比例

增高钾肥比重能显著提高植物的抗冷性。目前,农业生产上为了提高作物的产量和抗冷性,采用的措施是"稳氮、补磷、增钾"。

四、植物的盐害及抗盐性

土壤中过多的盐分对植物正常生长造成的伤害称为盐害。植物对过多盐分的适应或抵抗能力称为植物的抗盐性。

（一）土壤盐分过多对植物的危害

土壤盐分过多对植物的危害表现在以下几个方面:使植物吸水困难,对植物产生毒害作用,造成植物生理代谢紊乱。

（二）植物抗盐性的生理基础

植物在生长发育过程中产生了对盐的适应能力,形成了各种抗盐类型的植物。根据植物的抗盐能力,可将其分为如下几种。

1. 聚盐植物

聚盐植物细胞内含有特殊的原生质,能将根吸收的盐排入液泡,并抑制其外渗。这一方面减轻了盐分过高的毒害作用,另一方面也使液泡内积累了大量盐分,提高了细胞浓度,降低了细胞水势,促进了吸水。因此聚盐植物能在盐土上生长,如盐角草等。

2. 泌盐植物

泌盐植物的茎和叶表面有盐腺,能将根吸收的盐通过盐腺分泌到体外,使之被风吹落或被雨淋洗,因此不易受害,如梭柳、匙叶草等。

3. 稀盐植物

生长在盐渍土壤上的稀盐植物,代谢旺盛、生长快,根系吸水也快;植物组织含水量高,能将根系吸收的盐分稀释,从而降低细胞内的盐浓度以减轻伤害。

4. 拒盐植物

拒盐植物的细胞原生质选择透性强,"拒绝"一部分离子进入细胞,能稳定地保持植物细胞对离子的选择吸收。

（三）提高植物抗盐性的途径

提高植物的抗盐性，主要可从以下两个方面着手。

1. 盐分处理

植物产生对盐分的抵抗力必须要经过一个适应和锻炼的过程。植物种子在一定浓度的盐溶液中吸水膨胀后再播种萌发，可提高植物的抗盐性。

2. 筛选抗盐品种

不同的植物，其抗盐性也不同，即使是同一植物的不同品种，其抗盐性也会有很大差异，因此可以根据土壤盐分的含量，选育抗盐性不同的品种。

五、植物的涝害及抗涝性

土壤积水或土壤过湿对植物造成的危害称为涝害。植物对积水或土壤过湿的适应或抵抗能力称为植物的抗涝性。

水分过多对植物之所以有害，并不在于水分本身，而是由于水分过多会引起植物缺氧，从而产生一系列的危害。

（一）水涝对植物的危害

1. 湿害

一般平田作物在土壤水分饱和的情况下，就会发生湿害。湿害常常使作物生长发育不良，根系生长受抑，甚至腐烂，地上部分叶片萎蔫，严重时整个植株死亡。主要原因如下。

（1）土壤中缺乏氧气，使土壤中的好气性微生物（如氨化细菌）的正常活动受阻，影响矿质营养的供应。

（2）土壤全部空隙充满了水，形成了一个缺氧环境，使根系的有氧呼吸受到了抑制，而进行无氧呼吸，从而阻碍了根系吸水和吸肥。

（3）在土壤中氧气含量显著减少的同时，嫌气性微生物的活动会加强，导致土壤的酸度增大，最终影响根系代谢。

（4）缺氧导致土壤氧化还原电位下降，使土壤中产生还原型有毒物质，如 H_2S、FeO 等，这些物质都会抑制根系的呼吸作用。

2. 涝害

陆生作物的地上部分如果全部或局部被水淹没，就会发生涝害。涝害会使作物生长发育不良，甚至死亡。主要原因如下。

（1）作物淹水而缺氧，致使无氧呼吸代替有氧呼吸，使储藏物质大量消耗，同时积累酒精。

（2）无氧呼吸使作物根系缺乏能量，从而降低根系对水分和矿质元素的吸收，阻碍正常新陈代谢的进行。

（二）植物的抗涝性

不同的作物，其抗涝性也不同。陆生喜湿作物中，芋头比甘薯抗涝；旱生作物中，油菜比马铃薯、番茄抗涝，荞麦比胡萝卜、紫云英抗涝；水稻中，籼稻比糯稻抗涝，糯稻又比粳稻抗涝。同一作物在不同的生长发育时期的抗涝性也不同，如水稻一生中以幼穗形成期到孕穗

中期受害最为严重,其次是开花期,其他生育期受害较轻。

（三）抗御涝害的措施

1. 提高作物抗涝性的途径

1）增施矿肥

从理论上讲,水涝通过使作物缺氧和淋溶而使某些矿质元素亏缺,因此,增施矿肥可以预防和补偿上述亏缺,田间实验也证明增施矿肥是提高作物抗涝性的一种有效途径。

2）培育抗涝品种

利用常规育种、遗传工程等方法培育抗涝品种是提高作物抗涝性最有效的途径之一。

3）防涝种植

高垄种植,既能提高地温,又能保墒保苗,排水解涝;台田栽培,即在一定面积上,四周开沟排水,用沟土做高畦,作物以带状种于高畦上,既可避免地段积水,又可通风透光。

2. 防涝措施

防涝的根本措施是封山育林,植树种草,保持水土,防治山洪,严禁坡地开荒,维持生态平衡,减少泥石流。其次是加固危险地段,提高抗洪能力;修筑水库拦蓄洪水,整治江河;挖沟拦截水流,分段治理。

3. 治涝

水涝已经发生时,治涝是首要问题。治涝的主要方法有:加速排水,争取使作物顶部及早露出,以免作物窒息死亡;耙松土壤,增加土壤的透气性,尽快使作物恢复正常生长。

【复习思考】

（1）提高植物抗旱性的途径有哪些?

（2）提高植物抗寒性的途径有哪些?

任务4 植物生长发育控制

【任务重点】

植物生长发育环境条件的人工调控,植物激素和植物生长调节剂在农业生产中的应用。

【任务难点】

植物生长发育环境条件的人工调控。

【任务内容】

一、合理利用环境资源

合理利用环境资源的要点如下。

（1）选择适宜的生态区。植物的生长发育规律是长期在一定的光、温、水、肥、土等生态条件下形成的,因此,必须选择适宜的生态区进行种植才能使其正常生长发育,获得好的产品。

（2）选择适宜的土壤。不同植物对土壤的质地、酸碱度、肥力水平等要求不同。

（3）选择适宜的生长季节。在种植时应考虑到植物对温、光、水等生态因素的要求,并根据栽培目的选择适宜的生长季节,使植物的生长发育符合人们的愿望。

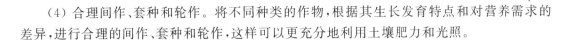

（4）合理间作、套种和轮作。将不同种类的作物,根据其生长发育特点和对营养需求的差异,进行合理的间作、套种和轮作,这样可以更充分地利用土壤肥力和光照。

二、人工调控环境条件

（一）改善植物的光照条件

植物的光照条件主要是指光照度、光照时间、光照质量和光的分布四个方面。改善植物的光照条件主要包括三个方面的内容:一是增强和完善光照条件,二是遮光,三是人工补光。

1. 增强和完善光照条件

增强和完善光照条件的主要措施有:合理密植,确定适宜的行向、行距,改进栽培管理方法;采用地膜覆盖;选择合适的棚址等。

2. 遮光

遮光的主要措施有:利用间套作物荫蔽,林下栽培,覆盖各种遮阳物等。

3. 人工补光

人工补光的光源主要有白炽灯、荧光灯、金属卤化物灯等。

（二）温度条件的调控

温度条件调控的原则是:春季提高温度,以利适时播种或促苗早发;夏季适当降温,防止干旱和热害;秋、冬季节保温和增温,使植物及时成熟或安全越冬。具体措施如下。

1. 升温

升温的主要措施有:排水,增施有机肥料,覆盖,中耕松土等。

2. 降温

降温的主要措施有:灌水,覆盖,中耕松土,通风换气等。

3. 保温

保温的主要措施有:灌水,增施保温肥,营造防护林带,留茬播种,熏烟,盖草等。

（三）土壤水分的调控

土壤水分的调节控制主要包括三个方面的内容:一是保持土壤水分,二是增加土壤水分,三是降低土壤水分。

1. 保持土壤水分

土壤水分可通过土壤改良、合理的土壤耕作和地表覆盖来保持。

2. 增加土壤水分

土壤可依靠降雨和人工灌溉来增加水分。

3. 降低土壤水分

降低土壤水分主要是要搞好农田基本建设,完善农田灌水、排水系统。

（四）气体条件的调控

1. 增加二氧化碳浓度

增加二氧化碳(CO_2)浓度的主要措施有:加强栽培管理,如合理做畦、合理密植、合理搭架、合理进行植株调整等,改善栽培植物群体内部 CO_2 的供应状况,进行 CO_2 施肥或施用有机肥料增加田间的 CO_2 浓度。

2. 增加氧气浓度

增加氧气(O$_2$)浓度的主要措施有:选择地势较高、疏松、透气性良好的地块;增施有机肥料,改善土壤透气状况;合理灌溉,忌大水漫灌,防止地面积水;雨季注意田间排水;灌水后或雨后墒情适宜时及时中耕松土,防止土壤板结;采用地膜覆盖,防止践踏,保持土壤疏松等。

三、调整植株

1. 整枝、修剪

整枝、修剪不仅可以调节植物体内的营养分配,保证生殖器官正常的生长发育,还可以提高植物的光合作用效率,有利于合理密植,提高产量。

2. 摘心、打杈

棉花栽培中,到生长发育中期通常要摘心、打杈,保证部分果枝蕾铃正常成熟。有些玉米品种常发生分蘖,与主茎争夺营养,也需及时打杈。

3. 摘蕾、摘叶

及时摘去根茎类作物的花蕾,可提高产量和改善品质,而对于番茄、茄子、菜豆等植物,通过摘除植株下部的病叶、老叶,可减少养分消耗,通风透光,促使植株上部的茎叶良好发育。

4. 支架、压蔓

对于蔓生或不能直立的植物,如黄瓜、番茄等,可采用支架栽培的方式以增加种植密度,充分利用空间,增加产量。对于一些匍匐生长的植物,如西瓜、南瓜等,则可采用压蔓的方式来调节植株生长,促生不定根。

5. 疏花、疏果

对于果树,可通过疏花、疏果,减少养分消耗,培育大果、优果,提高果实的商品价值。疏花、疏果对培育优质种子具有重要作用。

四、植物激素和植物生长调节剂

(一)植物激素

目前已发现的植物激素有五大类(见表 1-1):生长素、赤霉素、细胞分裂素、脱落酸和乙烯。

表 1-1 植物激素在农业生产中的作用

激素名称	作用
生长素(IAA)	促进生长,促进插条生根,对养分有调运作用,促进菠萝开花,诱导雌花分化
赤霉素(GA)	促进生长,诱导开花,促进发芽,促进雄花分化,防止果实脱落
细胞分裂素(CTK)	促进细胞分裂和扩大,促进芽的分化,促进侧芽发育,打破种子休眠,延缓叶片衰老
脱落酸(ABA)	促进休眠,促进气孔关闭,抑制生长,促进脱落
乙烯	改变生长习性,促进成熟,促进脱落,促进开花和雌花分化,诱导不定根的形成,打破种子和芽的休眠,诱导次生物质的分泌

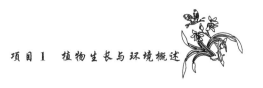

（二）植物生长调节剂的应用

植物生长调节剂根据其对生长的效应可分为三类：第一类是生长促进剂，如吲哚丙酸、吲哚丁酸、萘乙酸（NAA）、激动素、6-苄基腺嘌呤（6-BA）、二苯基脲等；第二类是生长抑制剂，如三碘苯甲酸（TIBA）、青鲜素、水杨酸、整形素等；第三类是生长延缓剂，如矮壮素、多效唑（PP$_{333}$）、比久（B$_9$）、烯效唑等。另外，还有 2,4-D、乙烯利等。植物生长调节剂在农业生产中的应用如表 1-2 所示。

表 1-2　植物生长调节剂在农业生产中的应用

目　的	药　剂	对　象	使用方法及效果
促进结实	2,4-D	番茄、茄子	局部喷施，10～15 mg·L^{-1}，防止落果，防止产生无籽果实
插条生根	NAA	桑、茶	50～100 mg·L^{-1}，浸基部 12～24 h
		甘薯	粉剂，500 mg·L^{-1}，定植前蘸根
延长休眠	NAA 甲酯	马铃薯块茎	0.4%～1% 粉剂
破除休眠	GA	桃种子	100～200 mg·L^{-1}，浸 24 h
疏花、疏果	NAA 钠盐	鸭梨	局部喷施，40 mg·L^{-1}
	乙烯利	梨	240～480 mg·L^{-1}，盛花期、末花期喷施
		苹果	250 mg·L^{-1}，盛花前 20 d，10 d 各喷一次
保花、保果	NAA	棉花	10 mg·L^{-1}，盛花期喷施
	6-BA	柑橘	400 mg·L^{-1}，处理幼果
	2,4-D	番茄	10～20 mg·L^{-1}，开花后 1～2 d 浸花 1 s
		辣椒	25～25 mg·L^{-1}，用毛笔蘸药水点花
保鲜、保绿、耐储藏	2,4-D	萝卜、胡萝卜	100 mg·L^{-1}，浸渍
	6-BA	莴苣、甘蓝	200 mg·L^{-1}，浸渍
促进开花	2,4-D	菠萝	5～10 mg·L^{-1}，50 mL·株$^{-1}$，营养生长成熟后，从株心灌
	NAA	菠萝	15～20 mg·L^{-1}，50 mL·株$^{-1}$，营养生长成熟后，从株心灌
促进雌花发育	乙烯利	黄瓜、南瓜	1～4 叶期喷施，100～200 mg·L^{-1}
果实催熟	乙烯利	香蕉	1000 mg·L^{-1}，浸果一下
		柿子	500 mg·L^{-1}，浸果 0.5～1 min
		番茄	1000 mg·L^{-1}，浸果一下
植株矮化	TIBA	大豆	125 mg·L^{-1}，开花期喷施
	CCC	小麦、玉米	3000 mg·L^{-1}，喷施
		棉花	10～50 mg·L^{-1}，喷施
	B$_9$	花生	500～1000 mg·L^{-1}，开花后 30 d 喷施

续表

目 的	药 剂	对 象	使用方法及效果
植株矮化	PP₃₃₃	花生	$250\sim300$ mg·L^{-1},开花后 $25\sim30$ d 喷施
		水稻秧苗	$250\sim300$ mg·L^{-1},一叶一心期喷施
		油菜	$100\sim200$ mg·L^{-1},二叶一心期喷施
		大豆	$200\sim250$ mg·L^{-1},$4\sim6$ 叶期喷施
提高抗性	PP₃₃₃	水稻	100 mg·L^{-1},浸种;300 mg·L^{-1},拔节期喷施,抗倒伏
		油菜	$100\sim200$ mg·L^{-1},三叶期喷施,抗倒伏
		桃	$1000\sim2000$ mg·L^{-1},叶面喷施,抗寒
		辣椒	$10\sim20$ mg·L^{-1},叶面喷施,抗寒、抗病

【复习思考】

（1）控制植物生长发育的主要途径有哪些？

（2）目前已发现的植物激素有哪五大类？各有什么主要生理作用？

任务5　快速测定种子发芽率的方法

【任务目标】

学会快速测定种子发芽率的方法。

【任务仪器、用具及材料】

（1）仪器、药品及用具：刀片、镊子、培养皿、放大镜、浓度为 5% 的红墨水。

（2）材料：小麦、水稻、棉花、大豆、玉米等的种子均可。这里以大豆种子为例。

【任务实施】

任务的具体实施步骤如下。

（1）首先将大豆种子放入 $30\sim35$ ℃的水中浸泡 5 h 左右,使种子吸水膨胀,以增强种子的呼吸强度,便于染色。

（2）取已吸水膨胀的大豆种子 150 粒,沿胚中线平均切成两半,取其中的一半置于培养皿中,加浓度为 5% 的红墨水浸泡 10 min(染色)。

（3）染色后的大豆种子用清水冲洗至洗液无色为止。

（4）计算种胚不着色的大豆种子个数,计算大豆种子的发芽率。

【任务报告】

实验结束后,按如下公式计算大豆种子的发芽率。

发芽率＝发芽种子粒数÷用作发芽种子的总粒数×100%

【任务小结】

总结实验情况,指出实验应重点注意的地方,增强学生的实验动手能力。

项目 2　植物生长的植物学知识

【项目目标】

掌握植物细胞、组织、器官的概念、类型、构造和植物细胞有丝分裂的特点,以及植物根、茎、叶的形态、构造与功能,了解植物根、茎、叶的变态类型和生理功能。

【项目说明】

适宜的环境是植物生长的必要条件。本项目着重介绍了植物细胞、组织、器官等结构因子和气候、土壤、生物、地形等环境因子的相互影响,以便选择或创造适宜的环境条件,科学合理地选择、种植或改造植物。环境是指植物生长地点周围一切空间因素的总和,是植物生长的基本条件。

任务 1　植物细胞的认知

【任务重点】

植物细胞的基本结构,植物细胞膜的组成、结构和功能,植物细胞有丝分裂的特点及意义,植物细胞减数分裂的概念及意义。

【任务难点】

植物细胞有丝分裂各时期的特点。

【任务内容】

一、植物细胞的概念

自然界的生物有机体,除了病毒和类病毒外,都是由细胞构成的。细胞是植物体结构和执行功能的基本单位。细胞可分为原核细胞和真核细胞两大类。原核细胞有细胞结构,但没有典型的细胞核,而真核细胞具有被膜包围的细胞核和多种细胞器。

二、植物细胞的形状和大小

(一) 植物细胞的形状

植物细胞的形状多种多样,有球形或近球形、长纺锤形、长柱形、星形等。细胞形状的多样性,反映了细胞形态与其功能相适应的特点。

(二) 植物细胞的大小

植物细胞的大小有很大差异。最小的支原体细胞直径仅为 $0.1~\mu m$。绝大多数植物细胞的体积都很小。

三、植物细胞生命活动的物质基础

构成细胞的生命物质称为原生质,它是细胞结构和生命活动的物质基础。组成原生质的化学元素主要有碳、氢、氧、氮等 4 种,约占原生质全重的 90%;其次有少量硫、磷、钠、钙、钾、氯、镁、铁等元素,约占原生质全重的 9%;此外还有极微量的其他元素,如钡、硅、矾、锰、钴、铜、锌、钼等。组成原生质的物质可分为无机物和有机物两类。无机物主要有水、CO_2 和 O_2 等气体、无机盐及许多离子态的元素等;有机物主要有蛋白质、核酸、脂类、糖类和极微量的生理活性物质等。

四、植物细胞的基本结构

植物细胞包括细胞壁、细胞膜、细胞质和细胞核等部分,其中细胞膜、细胞质和细胞核统称为原生质体。

(一) 细胞壁

1. 细胞壁的结构

细胞壁是植物细胞所特有的结构。细胞壁结构主要分为三层:胞间层、初生壁和次生壁。

2. 细胞壁的变化

当有其他物质填入时,细胞次生壁的性质常会发生角质化、木栓化、木质化、矿质化,以适应一定的生理机能。

3. 细胞壁的特殊结构

由于纹孔和胞间连丝的存在,细胞之间可以更好地进行物质交换,从而将各个细胞连接成一个整体。

4. 细胞壁的功能

细胞壁的功能主要有:保护原生质体,减少水分蒸腾,防止微生物入侵和机械损伤等;支持和巩固细胞的形状;参与植物组织的吸收、运输和分泌等方面的生理活动;调控细胞生长、细胞识别等重要生理活动。

(二) 细胞膜

1. 组成与结构

细胞膜也称质膜,主要由脂类物质和蛋白质组成,此外还有少量的糖类及微量的核酸、金属离子和水。质膜厚 7.5～10 nm,是由横断面上呈现为"暗—明—暗"的三条平行带组成的单位膜。

2. 流动镶嵌模型

流动镶嵌模型是膜结构的一种假说模型。脂质双分子层构成膜的骨架,蛋白质分子结合在脂质双分子层的内外表面、嵌入脂质双分子层或者贯穿整个双分子层。膜及其组成物质是高度动态的、易变的。

3. 生物膜

构成细胞的膜种类很多,除质膜外,还有细胞内膜,如核膜和各种细胞器的膜等,这些膜统称为生物膜。

4. 功能

质膜起着屏障的作用,能维持稳定的细胞内环境,有选择地使物质通过或排出废物;质膜具有胞饮作用、吞噬作用和胞吐作用。

(三)细胞质

细胞膜以内、细胞核以外的原生质统称为细胞质。细胞质包括胞基质和细胞器。

1. 胞基质

胞基质又称基质、透明质等,是在电子显微镜下也看不出有特殊结构的细胞质部分。胞基质含有水、无机盐、溶于水中的气体、糖类、氨基酸、核苷酸等小分子物质,也含有蛋白质、核糖核酸等一些生物大分子物质。胞基质是细胞器之间物质运输和信息传递的介质,是细胞代谢的重要场所,能不断地为各类细胞器行使功能提供必需的营养和原料,并使各种细胞器及细胞核之间保持密切关系。

2. 细胞器

细胞质的基质内具有一定形态、结构和功能的小单位,称为细胞器。细胞器的类型、组成结构及功能如表 2-1 所示。

表 2-1　细胞器的类型、组成结构及功能

膜类型	细胞器	组成结构	功能
双层膜结构	质体	白色体、叶绿体和有色体	植物进行光合作用的场所
	线粒体	囊状细胞器	植物进行呼吸作用的场所
单层膜结构	液泡	液泡膜和细胞液	与细胞吸水有关,储藏各种养料和生命活动产物,参加新陈代谢中的降解活动
	内质网	网状管道系统	合成、运输、储藏代谢产物,具有分隔作用
	高尔基体	扁囊	参与细胞壁的形成,参与溶酶体与液泡的形成
	溶酶体	泡状结构	消化分解细胞器,更新细胞结构
	圆球体	球形小体	合成脂肪,储藏油脂
	微体	过氧化物酶体、乙醛酸酶体	与光呼吸、脂肪代谢关系密切
无膜结构	核糖核蛋白体	亚单位小颗粒	合成蛋白质的场所
	微管	中空长管状纤维	保持细胞形态、细胞质运动方向,提供运输动力,转移染色体,控制纤维素微纤丝的排列方向

(四)细胞核

1. 类型

细胞核是细胞的重要组成部分,是细胞的控制中心,分为间期细胞核和分裂期细胞核两类。

2．结构

细胞核多为卵圆形或球形,埋藏在细胞质中,细胞核由核膜、核仁和核质三部分构成。

3．功能

细胞核的主要功能有:储存和复制 DNA,合成并向细胞转运 RNA;形成细胞质的核糖体亚单位;控制植物体的遗传性状,通过指导和控制蛋白质的合成来调节、控制细胞的发育。

五、植物细胞的繁殖

（一）无丝分裂

无丝分裂也称直接分裂。分裂时,核仁先分裂为两部分,接着细胞核拉长,中间凹陷,最后缢断为两个新核,同时细胞质也分裂为两部分,并在中间产生新的细胞器,形成两个新细胞。

（二）有丝分裂

1．概念

有丝分裂也称间接分裂,是植物营养细胞最普遍的一种分裂方式,由于分裂过程中有纺锤丝出现,故称为有丝分裂。

2．过程

有丝分裂的过程比较复杂,是一个连续的过程,可划分为如下五个时期。

（1）间期:细胞核变大,染色质呈丝状,出现 RNA 的合成和 DNA 的复制,同时蓄积细胞分裂所必需的原料和能量。

（2）前期:染色丝变成染色体,核膜、核仁逐渐消失,出现纺锤丝。

（3）中期:染色体的着丝点有规律地排列在细胞中部的赤道板上,形成纺锤体。

（4）后期:染色单体从着丝点处断开,纺锤丝收缩,将染色单体分别拉向细胞两极。

（5）末期:染色体变成染色丝,核膜、核仁重新出现,细胞质一分为二,纺锤丝收缩集结于赤道板上并形成细胞板,接着产生初生壁,形成两个新细胞。

3．意义

通过有丝分裂形成的子细胞的染色体数目与母细胞相同,由于染色体是遗传物质的载体,因此,每一个子细胞都有着和母细胞同样的遗传性状,从而使子代和亲代之间保持了遗传的稳定性。

（三）减数分裂

减数分裂的过程与有丝分裂的过程基本相似,所不同的是,减数分裂包括了连续两次的分裂,但染色体只复制一次,这样,一个母细胞经过减数分裂可以形成四个子细胞,而每个子细胞的染色体数只有母细胞的一半,因此,这种分裂叫作减数分裂。

【复习思考】

（1）简述植物细胞的基本结构。

（2）简述细胞膜的组成、结构及功能。

任务 2 植物组织的认知

【任务重点】

分生组织的概念及类型，成熟组织的概念及类型。

【任务难点】

复合组织与组织系统。

【任务内容】

细胞分化使植物体中形成了多种类型的细胞，也就是说，细胞分化导致了组织的形成。人们一般把在个体发育中具有相同来源的（即由同一个或同一群分生细胞生长、分化而来的）同一类型或不同类型的细胞群组成的结构和功能单位，称为组织。由一种类型细胞构成的组织，称为简单组织。由多种类型细胞构成的组织，称为复合组织。

一、植物组织的类型

植物组织分为分生组织和成熟组织两大类。

（一）分生组织

1. 分生组织的概念

种子植物中具有分裂能力的细胞限制在植物体的某些部位，这些部位的细胞在植物体的一生中持续地保持着强烈的分裂能力，一方面不断增加植物体中的新细胞，另一方面自己继续"永存"下去，这种具有持续分裂能力的细胞群称为分生组织。

2. 分生组织的类型

根据分生组织在植物体上的位置，可以将其分为顶端分生组织、侧生分生组织和居间分生组织。

分生组织也可根据组织来源的性质分为原生分生组织、初生分生组织和次生分生组织。

（二）成熟组织

1. 成熟组织的概念

分生组织衍生的大部分细胞，逐渐丧失分裂的能力，进一步生长和分化，形成的其他各种组织称为成熟组织，有时也称为永久组织。

2. 成熟组织的类型

成熟组织可以按照组织的功能分为保护组织、薄壁组织、机械组织、输导组织和分泌结构。

1）保护组织

保护组织是覆盖于植物体表面起保护作用的组织，它的作用是减少植物体内水分的蒸腾，控制植物与环境的气体交换，防止病虫害侵袭和机械损伤等。保护组织包括表皮和周皮。

2）薄壁组织

薄壁组织是进行各种代谢活动的主要组织，光合作用、呼吸作用、储藏作用及各类代谢物的合成和转化都主要由它进行。薄壁组织占植物体体积的大部分，如茎和根的皮层及髓

部、叶肉细胞、花的各部等。许多果实和种子中,全部或大部分是薄壁组织。其他多种组织,如机械组织和输导组织等也属于薄壁组织。

3)机械组织

机械组织是对植物起主要支持作用的组织,它有很强的抗压、抗张和抗屈挠的能力。植物能有一定的硬度,枝干能挺立,树叶能平展,能经受狂风暴雨及其他外力的侵袭,都与这种组织的存在有关。根据细胞结构的不同,机械组织可分为厚角组织和厚壁组织两类。

4)输导组织

输导组织是植物体中担负物质长途运输的主要组织。根从土壤中吸收的水分和无机盐,由输导组织运送到地上部分。叶的光合作用的产物,由输导组织运送到根、茎、花及果实中去。植物体各部分之间经常进行的物质的重新分配和转移,也要通过输导组织来完成。

植物体中水分的运输和有机物的运输,分别由两类输导组织来承担:一类为木质部,主要运输水分和溶解于水中的无机盐;另一类为韧皮部,主要运输有机营养物质。

5)分泌结构

某些植物细胞合成一些特殊的有机物或无机物,并将其排出体外、细胞外或积累于细胞内的现象称为分泌现象。植物分泌物的种类繁多,有糖类、挥发油、有机酸、生物碱、丹宁、树脂、油类、蛋白质、酶、杀菌素、生长素、维生素及多种无机盐等,这些分泌物在植物的生长过程中起着多种作用。植物产生分泌物的细胞来源各异,形态多样,分布方式也不尽相同,有的单个分散于其他组织中,也有的集中分布或特化成一定结构,这些结构统称为分泌结构。根据分泌物是否排出体外,可将分泌结构分为外部的分泌结构和内部的分泌结构两大类。

(1)外部的分泌结构

外部的分泌结构普遍的特征是它们的细胞能分泌物质到植物体的表面。常见的类型有腺表皮、腺毛、蜜腺和排水器等。

(2)内部的分泌结构

分泌物不排到体外的分泌结构,称为内部的分泌结构,包括分泌细胞、分泌腔或分泌道及乳汁管等。

二、组织系统

植物的每一个器官都由一定种类的组织构成。具有不同功能的器官中,组织的类型相同,而排列方式不同。然而,植物体是一个有机的整体,各个器官除了具有功能上的相互联系外,同时也必然具有内部结构上的连续性和统一性,在植物学上为了强调这一观点,采用了组织系统这一概念。一个植物整体上或一个器官上的一种组织或几种组织在结构和功能上组成的一个单位,称为组织系统。

维管植物的主要组织可归并成三种组织系统,即皮组织系统、维管组织系统和基本组织系统,分别简称为皮系统、维管系统和基本系统。皮系统包括表皮和周皮,它们覆盖于植物各器官的表面,形成一个包裹整个植物体的连续的保护层。维管系统包括输导有机养料的韧皮部和输导水分的木质部,它们连续地贯穿于整个植物体内,把生长区、发育区与有机养料制造区和储藏区连接起来。基本系统主要包括各类薄壁组织、厚角组织和厚壁组织,它们是植物体各部分的基本组成部分。植物整体的结构表现为维管系统包埋于基本系统之中,而外面又覆盖着皮系统。各个器官结构上的变化,除表皮或周皮始终包被在最外层外,主要表现为维管组织和基本组织在相对分布上的差异。

【复习思考】

（1）简述分生组织的概念及类型。

（2）简述成熟组织的概念及类型。

（3）列举出几种复合组织和组织系统。

任务 3　植物根的认知

【任务重点】

植物根的初生结构，植物根和根系的类型，根的生理功能和经济利用。

【任务难点】

根的生理功能和经济利用。

【任务内容】

一般种子植物的种子完全成熟后，经过休眠，在适合的环境下，就能萌发成幼苗，之后继续生长发育，成为具枝系和根系的成年植物。植物体上，特别是成年植物的植物体上由多种组织组成、在外形上具有显著形态特征和特定功能、易于区分的部分，称为器官。大多数成年植物在营养生长时期，整棵植株可显著地分为根、茎、叶三种器官，这些担负着植物体营养生长的器官统称为营养器官。

一、根的生理功能和经济利用

（一）根的生理功能

根是植物适应陆上生活在进化过程中逐渐形成的器官，它具有吸收、固着和支持、输导、合成、储藏和繁殖等功能。

1. 吸收功能

根可以吸收土壤中的水分和无机盐。植物体内所需要的物质，除一部分由叶和幼嫩的茎自空气中吸收外，大部分都是由根从土壤中取得的。

2. 固着和支持功能

可以想象，高大的树木拥有庞大的地上部分，在风、雨、冰、雪的侵袭下，却仍能巍然屹立，这就是因其具有反复分枝、深入土壤的庞大根系，以及牢固的机械组织和维管组织。

3. 输导功能

由根毛、表皮吸收的水分和无机盐，通过根的维管组织输送到枝，而叶所制造的有机养料经过茎输送到根，再经根的维管组织输送到根的各部分，以维持根的生长。

4. 合成功能

据研究，在根中能合成组成蛋白质的多种氨基酸，氨基酸合成后，能很快地被运至生长的部位，用来构成蛋白质，作为形成新细胞的材料。

5. 储藏和繁殖功能

根内的薄壁组织一般较发达，因此根常为物质储藏之所。不少植物的根能产生不定芽，有些植物的根在伤口处更易形成不定芽，这一特点在根扦插和森林更新中常被加以利用。

（二）根的经济利用

根有多种用途，它可供食用、药用和作工业原料。甘薯、木薯、胡萝卜、甜菜等皆可食用，部分也可作饲料。人参、大黄、当归、甘草、乌头、龙胆、吐根等可供药用。甜菜可作制糖原料，甘薯可制淀粉和酒精。某些乔木或藤本植物的老根，如枣、杜鹃、苹果、葡萄、青风藤等的根，可雕制成或扭曲加工成树根造型的工艺美术品。在自然界中，根有保护坡地、堤岸和防止水土流失的作用。

二、根和根系的类型

（一）主根、侧根和不定根

种子萌发时，首先是胚根突破种皮，向下生长，这个由胚根细胞的分裂和伸长所形成的向下垂直生长的根，是植物体上最早出现的根，称为主根，有时也称为直根或初生根。主根生长达到一定长度，在一定部位上侧向地从内部生出的许多支根，称为侧根。在主根和主根所产生的侧根以外的部分，如茎、叶、老根或胚轴上生出的根，统称为不定根，它和起源于胚根、发生在一定部位的主根不同。

（二）直根系和须根系

一株植物地下部分的根的总和，称为根系。在双子叶植物和裸子植物中，根系是由主根和它分枝的各级侧根组成的。在单子叶植物中，根系主要是由不定根和它分枝的各级侧根组成的。根系有两种基本类型，即直根系和须根系。有明显的主根和侧根区别的根系，称为直根系，如松、柏、棉、油菜、蒲公英等植物的根系。无明显的主根和侧根区别的根系，或根系全部由不定根和它分枝组成，粗细相近、无主次之分，而呈须状的根系，称为须根，如禾本科的稻、麦，以及鳞茎植物（葱、韭、蒜、百合等）的根系和某些双子叶植物的根系。

三、根的发育

（一）顶端分生组织

种子萌发后，胚根的顶端分生组织中的细胞经过分裂、生长、分化，形成了主根。主根生长时，顶端分生组织具有一定的组成，但这个组成在不同类群的植物中是不同的。要了解根的一些组织系统的起源和演化，就得研究顶端分生组织结构在不同类群植物中的差异。侧根和不定根中顶端分生组织中细胞的排列与主根中的相似。

（二）根尖的结构和发展

根尖是指根的顶端到着生根毛部分的这一段。主根、侧根和不定根都具有根尖，根尖是根中生命活动最旺盛、最重要的部分。根的伸长、根对水分和养料的吸收、根内组织的形成等，都与根尖密切相关，因此根尖的损伤会直接影响根的继续生长和吸收作用的进行。根尖可以分为四个部分，即根冠、分生区、伸长区和成熟区。

1. 根冠

根冠位于根的先端，是根特有的一种组织，一般呈圆锥形，由许多排列不规则的薄壁细胞组成，它像一顶帽子（即冠）套在分生区的外面，所以称为根冠。

2. 分生区

分生区是位于根冠内面的顶端分生组织。分生区不断地进行细胞分裂来增生细胞，除一部分向前方发展,形成根冠细胞,以补偿根冠因受损伤而脱落的细胞外,大部分向后发展,经过细胞的生长、分化,逐渐形成根的各种结构。由于原始细胞的存在,所以分生区始终保持着它原有的体积和作用。

3. 伸长区

伸长区位于分生区稍后方的部分,这部分细胞分裂已逐渐停止,体积扩大,细胞显著地沿根的长轴方向延伸,因此称为伸长区。根伸长是分生区细胞的分裂、增大和伸长区细胞的延伸共同作用的结果,特别是伸长区细胞的延伸,使根显著地伸长,因而在土壤中继续向前推进,有利于根不断转移到新的环境,吸取更多的矿质营养。

4. 成熟区

成熟区内根的各种细胞已停止伸长,并且多已分化成熟,因此称为成熟区。成熟区紧接着伸长区,表皮常产生根毛,因此也称为根毛区。

四、根的初生结构

由根尖的顶端分生组织,经过分裂、生长、分化而形成成熟根的植物体的生长,直接来自顶端分生组织的衍生细胞的增生和成熟,整个生长过程,称为初生生长。初生生长过程中产生的各种成熟组织属于初生组织,它们共同组成根的结构,也就是根的初生结构。因此,在根尖的成熟区作一横切面,就能看到根的全部初生结构,由外至内分别为表皮、皮层和维管柱。

(一)表皮

根的成熟区的最外面具有表皮,表皮是由原表皮发育而成的,一般由一层表皮细胞组成,表皮细胞近似长方柱形,延长的面和根的纵轴平行,排列整齐紧密,与植物体其他部分的一般表皮组织相似。但根的表皮细胞壁薄、角质层薄、不具气孔,部分表皮细胞的外壁会向外突起,延伸成根毛。成熟的根毛直径为 $5\sim17~\mu m$,长为 $80\sim1500~\mu m$,因种而异。

(二)皮层

皮层是由基本分生组织发育而成的,它在表皮的内方占据着相当大的部分,由多层薄壁细胞组成,细胞排列疏松,有着明显的胞间隙。皮层最外的一层细胞,即紧接表皮的一层细胞,往往排列紧密、无间隙,是连续的一层,称为外皮层。当根毛枯死、表皮破坏后,外皮层的细胞壁开始增厚并栓化,代替表皮起保护作用。有些植物(如鸢尾)的根,其外皮层就是由多层细胞组成的。

(三)维管柱

维管柱是内皮层以内的部分,结构比较复杂,包括中柱鞘和初生维管组织。有些植物的根还具有髓,髓由薄壁组织或厚壁组织组成。

中柱鞘是维管柱的外层组织,向外紧贴着内皮层,它是由原形成层的细胞发育而成的,保持着潜在的分生能力,通常由一层薄壁细胞组成,也有由两层或多层细胞组成的,有时也可能含有厚壁细胞。维管形成层、木栓形成层、不定芽、侧根和不定根,都可能由中柱鞘的细胞产生。

五、侧根的形成

主根、侧根或不定根所产生的支根统称为侧根。种子植物的侧根,通常起源于中柱鞘,

而内皮层可能以不同程度参加到新的根原基形成的过程中,当侧根开始发生时,中柱鞘的某些细胞开始分裂。最初的几次分裂是平周分裂,会使细胞层数增加,因而新生的组织就产生向外的突起。之后的分裂,包括平周分裂和垂周分裂,是多方向的,这就使原有的突起继续生长,形成侧根的根原基,这是侧根最早的分化阶段,之后根原基分裂、生长,逐渐分化出生长点和根冠。生长点的细胞继续分裂、增大和分化,并以根冠为先导向前推进。由于侧根不断生长所产生的机械压力和根冠所分泌的物质能溶解皮层和表皮细胞,这样就能使侧根顺利地依次穿越内皮层、皮层和表皮,而露出母根以外,进入土壤。由于侧根起源于母根的中柱鞘,也就是发生于根的内部组织,因此,它的起源被称为内起源。侧根可以因生长激素或其他生长调节物质的刺激而形成。

主根和侧根有着密切的联系,切断主根能促进侧根的发生。因此,在农、林、园艺工作中,利用这个特性,在移苗时常切断主根,以引起更多侧根的发生,保证植株根系的旺盛发育,从而使整个植株能更好地生长(有时也是为了便于以后的移植)。

六、根瘤和菌根

种子植物的根和土壤内的微生物有着密切的关系。植物和微生物间互利的关系,称为共生关系。共生关系是两个生物间相互有利的共居关系,彼此间有直接的营养物质交流,一种生物对另一种生物的生长有促进作用。

(一)根瘤的形成及意义

豆科植物的根上,常常生有各种形状的瘤状突起,这种瘤状突起称为根瘤。根瘤是由于土壤内的一种细菌,即根瘤菌,由根毛侵入根的皮层内所产生的。一方面,根瘤菌在皮层细胞内迅速分裂繁殖;另一方面,受根瘤菌侵入的皮层细胞,因根瘤菌分泌物的刺激也迅速分裂,产生大量新细胞,使皮层部分的体积膨大和凸出,形成根瘤。根瘤菌最大的特点就是具有固氮作用,它能把大气中的游离氮(N_2)转变为氨(NH_3)。这些氨除满足根瘤菌本身的需要外,还可为宿主(豆科等植物)提供生长发育可以利用的含氮化合物。近年来,我国农业生产上开始对根瘤菌菌肥进行研究和推广。在大豆、落花生的生长过程中施用根瘤菌菌肥,不仅能提高大豆、落花生的蛋白质含量,而且增产效果显著。

(二)菌根的形成、类型及意义

种子植物的根和真菌有共生的关系,这些和真菌共生的根,称为菌根。菌根主要有两种类型,即外生菌根和内生菌根。外生菌根是指真菌的菌丝包被在植物幼根的外面,有时也侵入根的皮层细胞间隙中,但不侵入细胞内的菌根。在这样的情况下,根的根毛不发达,甚至完全消失,菌丝就代替了根毛,增加了根系的吸收面积。

很多具菌根的植物,在没有相应的真菌存在时,就不能正常地生长或种子不能萌发,如松树在没有与它共生的真菌的土壤里,就不能吸收足够的养分,以致生长缓慢,甚至死亡。同样,某些真菌,如不与一定植物的根系共生,也不能存活。在林业上,常根据造林的树种,预先在土壤内接种需要的真菌,或事先让种子感染真菌,以保证树种良好地生长发育。

【复习思考】

(1)简述植物根的生理功能和经济利用。

(2)简述根瘤的形成及意义。

任务 4　植物茎的认知

【任务重点】

植物茎的形态及类型,植物茎的初生结构,植物茎的生理功能和经济利用。

【任务难点】

植物茎的初生结构。

【任务内容】

种子植物的茎起源于种子内幼胚的胚芽,有时还包括部分下胚轴,茎的侧枝起源于叶腋的芽。茎是联系根、叶,输送水、无机盐和有机养料的轴状结构,除少数生于地下外,一般都生长在地面以上。多数茎的顶端能无限地向上生长,连同着生的叶形成庞大的枝系。

一、茎的生理功能和经济利用

茎是植物的营养器官之一,一般是指组成地上部分的枝干,主要功能是输导和支持。

(一) 茎的输导作用

茎的输导作用是和它的结构紧密联系的。茎的维管组织中的木质部和韧皮部担负着这种输导作用。被子植物茎的木质部中的导管和管胞,把根尖上由幼嫩的表皮和根毛从土壤中吸收的水分和无机盐,通过根的木质部,特别是茎的木质部运送到植物体的各部分。

(二) 茎的支持作用

茎的支持作用也和茎的结构有着密切关系。茎内的机械组织,特别是纤维和石细胞,分布在基本组织和维管组织中。茎内的机械组织和木质部中的导管、管胞就像建筑物中的钢筋混凝土,在构成植物体的坚固有力的结构中,起着巨大的支持作用。

茎除了具有输导和支持作用外,还具有储藏和繁殖作用。茎的基本组织中的薄壁组织细胞,往往储藏着大量物质,而变态茎(如地下茎中的根状茎、球茎、块茎等)中的储藏物质尤为丰富,可作食品和工业原料。不少植物茎有形成不定根和不定芽的习性,可进行营养繁殖。农、林和园艺工作中用扦插、压条来繁殖苗木,便是利用的茎的这种习性。

二、茎的形态及类型

(一) 茎的形态

茎的外形多数呈圆柱形。可是,有些植物的茎却呈三角形(如莎草的茎)、方柱形(如蚕豆、薄荷的茎)或扁平柱形(如昙花、仙人掌的茎)。茎的内部散布着机械组织和维管组织,从力学上看,茎的外形和结构都具有支持和抗御的功能。

茎上着生叶的部位,称为节。两个节之间的部分,称为节间。茎有节和节间,在节上着生叶,在叶腋和茎的顶端具有芽。着生叶和芽的茎,称为枝或枝条,因此,茎就是枝上除去叶和芽所留下的轴状部分。

(二) 茎的类型

不同植物的茎在长期的进化过程中,有各自的生长习性,以适应外界环境,使叶在空间上合适地分布,尽可能地充分接受日光照射,制造自己生活需要的营养物质。茎按其生长方

式可分为直立茎、缠绕茎、攀缘茎和匍匐茎四种。

1. 直立茎

茎背地面而生，直立。大多数植物的茎是直立茎，如蓖麻、向日葵等。

2. 缠绕茎

茎幼时较柔软，不能直立，茎本身缠绕于其他支柱向上生长。

3. 攀缘茎

茎幼时较柔软，不能直立，以特有的结构攀缘他物上升。按攀缘结构的性质，又可将攀缘茎分为以下五种：以卷须攀缘的茎，如丝瓜、豌豆、黄瓜、葡萄、乌蔹莓、南瓜等的茎；以气生根攀缘的茎，如常春藤、络石、薜荔等的茎；以叶柄攀缘的茎，如旱金莲、铁线莲等的茎；以钩刺攀缘的茎，如白藤、猪殃殃等的茎；以吸盘攀缘的茎，如爬山虎（地锦）的茎。

不少有经济价值的藤本植物，如葡萄、豆类和部分瓜类，在栽培时，必须根据它们的生长习性，及时和适当地搭好棚架，使枝、叶得以合理展开，获得充分的光照，从而提高产量和质量。

4. 匍匐茎

茎细长柔弱，沿着地面蔓延生长，如草莓、甘薯（山芋）、虎耳草等的茎。匍匐茎一般节间较长，节上能生不定根，芽会生长成新株。

（三）茎的分枝类型

分枝是植物生长时普遍存在的现象。种子植物茎的分枝类型一般有三种：单轴分枝、合轴分枝、假二叉分枝。

1. 单轴分枝

单轴分枝的主干，也就是主轴，总是由顶芽不断地向上伸展而成，这种分枝形式，称为单轴分枝，也称为总状分枝。单轴分枝的主干上能产生各级分枝，主干的伸长和加粗比侧枝强得多。

2. 合轴分枝

合轴分枝主干的顶芽在生长季节中，生长迟缓或死亡，或顶芽为花芽，就由紧接着顶芽下面的腋芽伸展，代替原有的顶芽，每年同样地交替进行，使主干继续生长，这种主干是由许多腋芽发育而成的侧枝联合组成的，所以称为合轴。合轴分枝所产生的各级分枝也是如此。

3. 假二叉分枝

假二叉分枝是具对生叶的植物，在顶芽停止生长后，或顶芽是花芽，在花芽开花后，由顶芽下的两侧腋芽同时发育成二叉状分枝。所以假二叉分枝，实际上也是一种合轴分枝方式的变化，它和顶端的分生组织本身分为两个、形成真正的二叉分枝不同。真正的二叉分枝多见于低等植物，在部分高等植物中，如苔藓植物的苔类和蕨类植物的石松、卷柏等中也存在。具假二叉分枝的被子植物有丁香、茉莉、接骨木、石竹、繁缕等。

分枝是植物生长中普遍存在的现象，是植物的基本特征之一，有重要的生物学意义。形成分枝能迅速增加整个植物体的同化和吸收表面，使其可以充分地利用外界物质，产生强大的营养能力和种子繁殖能力。

三、茎的发育

（一）茎的顶端分生组织

茎的顶端分生组织和根端的相似。茎的顶端分生组织的活动产生了茎的有关结构，包括茎的节和节间、叶、腋芽，以及其以后转变成的生殖（繁殖）结构。

（二）茎上叶和芽的起源

1. 茎上叶的起源

叶是由叶原基逐步发育而成的。裸子植物和双子叶植物中，一般是在顶端分生组织表面的第二层或第三层发生叶原基的细胞分裂。

2. 茎上芽的起源

顶芽发生在茎端（枝端），包括主枝和侧枝上的顶端分生组织，而腋芽起源于腋芽原基。大多数被子植物的腋芽原基发生在叶原基的叶腋处。

四、茎的结构

茎的顶端分生组织中的初生分生组织所衍生的细胞，经过分裂、生长、分化而形成的组织称为初生组织，这种组织组成了茎的初生结构。

1. 双子叶植物茎的初生结构

双子叶植物茎的初生结构包括表皮、皮层和维管柱三个部分。

1）表皮

表皮通常由单层的活细胞组成，是由原表皮发育而成的，一般不具叶绿体，分布在整个茎的最外面，起着保护内部组织的作用，因而是茎的初生保护组织。

2）皮层

皮层位于表皮内方，是表皮和维管柱之间的部分，由多层细胞组成，是由基本分生组织分化而成的。

3）维管柱

维管柱是皮层以内的部分，多数双子叶植物茎的维管柱包括维管束、髓和髓射线等部分。

2. 双子叶植物茎和单子叶植物茎在结构上的区别

单子叶植物的茎和双子叶植物的茎在结构上有许多不同。大多数单子叶植物的茎只有初生结构，所以结构比较简单。少数单子叶植物的茎虽有次生结构，但也和双子叶植物的茎不同。绝大多数单子叶植物的维管束由木质部和韧皮部组成，不具形成层（束中形成层）。

【复习思考】

（1）简述双子叶植物的茎与单子叶植物的茎在结构上的主要区别。

（2）简述茎的初生结构与根的初生结构的区别。

任务 5　植物叶的认知

【任务重点】

植物叶片的形态和类型，植物叶的生理功能和经济利用。

【任务难点】

植物叶的经济利用。

【任务内容】

叶是种子植物制造有机养料的重要器官,也是光合作用进行的主要场所。光合作用的进行与叶绿体的存在及叶的整体结构有着紧密联系。因此,要理解叶的功能,首先就要充分认识叶的结构。

一、叶的生理功能和经济利用

(一)叶的主要生理功能

叶的主要生理功能就是光合作用和蒸腾作用,它们在植物的生命活动中有着重大的意义。叶除了具有光合作用和蒸腾作用等生理功能外,还具有吸收的功能。如向叶面上喷洒一定浓度的肥料,叶片表面就能吸收;又如喷施农药(如有机磷杀虫剂)时,农药也是通过叶的吸收功能进入植物体内的。少数植物的叶,还具有繁殖功能,如落地生根,在叶边缘上生有许多不定芽或小植株,脱落后掉在土壤上,就可以长成新个体。

(二)叶的经济利用

叶有多种经济价值,可供食用、药用等。青菜、卷心菜、菠菜、芹菜、韭等,都是以食叶为主的蔬菜。近年来发现的甜叶菊,可以提取出较蔗糖甜度高 300 倍的糖苷。毛地黄叶含强心苷,为著名强心药。颠茄叶含莨菪碱和东莨菪碱等生物碱,为著名抗胆碱药,可用来解除平滑肌痉挛等。薄荷、桑等的叶,皆可作药用。香叶天竺葵和留兰香的叶,皆可用来提取香精。剑麻叶的纤维可制船缆和造纸,叶粕可制酒精、农药或作肥料、饲料等。其他如茶叶可作饮料,烟草叶可制卷烟、雪茄和烟丝,桑、蓖麻、麻栎(俗称柞树)等植物的叶,可以饲蚕,箬竹、麻竹、棕叶芦等植物的叶,可以裹粽或作糕饼衬托,蒲葵叶可制扇、笠和蓑衣,棕榈叶鞘所形成的棕衣可制绳索、毛刷、地毡、床垫等。

二、叶的组成和形态

(一)叶的组成

植物的叶,一般由叶片、叶柄和托叶三部分组成。叶片是叶的主要部分,多数为绿色的扁平体。叶柄是叶的细长柄状部分,上端(即远端)与叶片相接,下端(即近端)与茎相连。托叶是柄基两侧所生的小叶状物。不同植物上的叶片、叶柄和托叶的形状也是不同的。

(二)叶的形态

植物叶的形态多种多样,但就一种植物来讲,叶的形态还是比较稳定的,因此叶的形态可作为植物识别和分类的依据。

(1)就叶片而言,有以下一些主要形状。

① 针形。叶片细长,先端尖锐,称为针叶,如松、云杉和针叶哈克木的叶。

② 线形。叶片狭长,全部的宽度约略相等,两侧叶缘近平行,称为线形叶,也称带形或条形叶,如稻、麦、韭、水仙和冷杉的叶。

③ 披针形。叶片较线形为宽,由下部至先端渐次狭尖,称为披针形叶,如柳、桃的叶。

④ 椭圆形。叶片中部宽而两端较狭,两侧叶缘呈弧形,称为椭圆形叶,如芫花、樟的叶。

⑤ 卵形。叶片下部圆阔,上部稍狭,称为卵形叶,如向日葵、苎麻的叶。

⑥ 菱形。叶片呈等边斜方形,称菱形叶,如菱、乌桕的叶。

⑦ 心形。叶片的形状与卵形相似,但叶片下部更为广阔,基部凹入呈尖形,似心形,称为心形叶,如紫荆的叶。

⑧ 肾形。叶片基部凹入呈钝形,先端钝圆,横向较宽,似肾形,称为肾形叶,如积雪草、冬葵的叶。

（2）就叶尖而言,有以下一些主要形状。

① 渐尖。叶尖较长,或逐渐尖锐,如菩提树的叶。

② 急尖。叶尖较短而尖锐,如荞麦的叶。

③ 钝形。叶尖钝而不尖,或近圆形,如厚朴的叶。

④ 截形。叶尖如横切成平边状,如鹅掌楸、蚕豆的叶。

⑤ 具短尖。叶尖具有突然生出的小尖,如树锦鸡儿、锥花小檗的叶。

⑥ 具骤尖。叶尖尖而硬,如虎杖、吴茱萸的叶。

⑦ 微缺。叶尖具浅凹缺,如苋、苜蓿的叶。

⑧ 倒心形。叶尖具较深的尖形凹缺,而叶两侧稍内缩,如酢浆草的叶。

（3）就叶基而言,主要的形状有渐尖、急尖、钝形、心形、截形等。叶基与叶尖的形状相似,只是出现的位置不同。此外,还有耳形、箭形、戟形、匙形、偏斜形等。

（4）就叶缘而言,有下面一些情况。

① 全缘。整的,如女贞、玉兰、樟、紫荆、海桐等植物的叶。

② 波状。显凸凹而呈波纹状的,如胡颓子的叶。

③ 皱缩状。状曲折,较波状更大的,如羽衣甘蓝的叶。

④ 齿状。叶片边缘凹凸不齐,裂成细齿状的,称为齿状缘,其中的齿又有锯齿、牙齿、重锯齿、圆齿各种情况。

⑤ 缺刻。边缘凹凸不齐,凹入和凸出的程度较齿状缘大而深的,称为缺刻。缺刻的形式和深浅又有多种。

禾本科植物的叶是单叶,分为叶片和叶鞘两部分。叶片扁平、狭长,呈线形或狭带形,具纵列的平行脉序。叶的基部扩大成叶鞘,围裹着茎秆,起保护幼芽及加强茎的支持的作用。叶片和叶鞘相接处的外侧,色泽稍淡的带状结构,称为叶环。

（三）脉序

叶脉是贯穿在叶肉内的维管束和其他有关组织组成的,是叶内的输导和支持结构,叶脉通过叶柄与茎内的维管组织相连。叶脉在叶片上呈现出的各种有规律的脉纹分布称为脉序。脉序主要有平行脉、网状脉和叉状脉三种类型。

（四）单叶和复叶

一个叶柄上所生叶片的数目,一般有两种情况:一种是一个叶柄上只生一张叶片,称为单叶;另一种是一个叶柄上生出许多小叶,称为复叶。复叶的叶柄,称为叶轴或总叶柄,叶轴上所生的叶,称为小叶,小叶的叶柄,称为小叶柄。

复叶依小叶排列的不同状态而分为羽状复叶、掌状复叶和三出复叶。羽状复叶是指小叶排列在叶轴的左右两侧,类似羽毛状的复叶,如紫藤、月季、槐的复叶。掌状复叶是指小叶都生在叶轴的顶端,排列如掌状的复叶,如牡荆、七叶树的复叶。三出复叶是指每个叶轴上

生三个小叶的复叶。如果三个小叶叶柄是等长的，称为三出掌状复叶，如橡胶树的复叶；如果顶端小叶叶柄较长，则称为三出羽状复叶，如苜蓿的复叶。

羽状复叶依小叶数目的不同，又有奇数羽状复叶和偶数羽状复叶之分。奇数羽状复叶是一个复叶上的小叶总数为单数的羽状复叶，如月季、蚕豆、刺槐的复叶；偶数羽状复叶是一个复叶上的小叶总数为双数的羽状复叶，如落花生、皂荚的复叶。羽状复叶又可根据叶轴分枝与否及分枝情况，再分为一回羽状复叶、二回羽状复叶、三回羽状复叶和数回（或多回）羽状复叶。

（五）叶序和叶镶嵌

1. 叶序

叶在茎上有一定规律的排列方式，称为叶序。叶序基本上有三种类型，即互生、对生和轮生。

2. 叶镶嵌

叶在茎上的排列，不论是哪一种叶序，相邻两节的叶，总是不相重叠而成镶嵌状态，这种同一枝上的叶，以镶嵌状态的排列方式而不重叠的现象，称为叶镶嵌。爬山虎、常春藤、木香花的叶，均匀地分布在墙壁或竹篱上，就是叶镶嵌的结果，这三种植物是垂直绿化的极好材料。

（六）异形叶性

一般情况下，一种植物具有一定形状的叶，但有些植物，却在一个植株上有不同形状的叶。这种同一植株上具有不同叶形的现象，称为异形叶性。异形叶性的发生，有两种情况：一种是叶因枝的老幼不同而叶形各异，如蓝桉，其嫩枝上的叶较小，卵形无柄，对生，而老枝上的叶较大，披针形或镰刀形，有柄，互生，且常下垂。

三、叶的发育

叶的各部分，在芽开放以前，早已形成，它们以各种方式折叠在芽内，随着芽的开放，由幼叶逐渐生长为成熟叶。叶究竟是怎样发生的呢？这就要涉及茎尖的生长点。叶的发生开始得很早，当芽形成时，在茎的顶端分生组织的一定部位上，产生许多侧生的突起，这些突起就是叶分化的最早期，因而称为叶原基。叶原基是由生长点一定部位上的表层细胞，或表层下的一层或几层细胞分裂增生所形成的。叶原基形成后，起先是顶端生长，使叶原基迅速延长，接着是边缘生长，形成叶的整个雏形，分化出叶片、叶柄和托叶几个部分。除早期外，叶之后的伸长就靠居间生长。

四、叶的结构

（一）被子植物叶的一般结构

一般被子植物的叶片有上、下面的区别，上面（即腹面或近轴面）为深绿色，下面（即背面或远轴面）为淡绿色，叶片在枝上的着生取横向的位置，近乎和枝的长轴垂直或与地面平行，叶片的两面光照的情况不同，因而两面的内部结构也不同，即组成叶肉的组织有较大的分化，形成栅栏组织和海绵组织，这种叶称为异面叶。有些植物的叶取近乎直立的位置，近乎和枝的长轴平行或与地面垂直，叶片两面的光照情况差异不大，因而叶片两面的内部结构也就相似，即组成叶肉的组织分化不大，这种叶称为等面叶。有些植物的叶上、下面都同样地具有栅栏组织,中间夹着海绵组织,这种叶也称为等面叶。不论是异面叶还是等面叶,就叶片而言,都有三种基本结构,即表皮、叶肉和叶脉。表皮包在叶的最外层,有保护作用;叶肉在表皮的内方,有制造和储藏养料的作用;叶脉是埋在叶肉中的维管组织,有输导和支持的作用。尽管叶片的形态和结构多种多样,但是这三种基本结构总是存在的,只不过是形状、排列和数量有所差异而已。

1. 被子植物叶的表皮

被子植物叶的表皮包被着整个叶片,有上、下表皮之分。表皮通常由一层细胞组成,但也有由多层细胞组成的,称为复表皮,如夹竹桃和印度橡胶树叶的表皮。

2. 被子植物叶的叶肉

被子植物叶的叶肉通常由薄壁细胞组成,内含丰富的叶绿体。一般异面叶中,近上表皮部位的绿色组织排列整齐,细胞呈长柱形,细胞长轴和叶表面相垂直,呈栅栏状,称为栅栏组织,其层数因植物种类而异。栅栏组织的下方,即近下表皮部分的绿色组织,形状不规则,排列不整齐,疏松且具较多间隙,呈海绵状,称为海绵组织,它和栅栏组织相比,排列较疏松,间隙较多,细胞内所含叶绿体也较少。叶片上面绿色较深,下面较淡,就是由两种组织内叶绿体的含量不同所致。

3. 被子植物叶的叶脉

被子植物的叶脉的内部结构因叶脉的大小而不同。如粗大的中脉(即中肋),其内部结构即由维管束和伴随的机械组织组合而成。

(二) 单子叶植物叶的一般结构

单子叶植物的叶,就外形而言,多种多样,如线形(稻、麦)、管形(葱)、剑形(鸢尾)、卵形(玉簪)、披针形(鸭跖草)等;叶脉多数为平行脉,少数为网状脉(薯蓣、菝葜等)。现以禾本科植物的叶为例,对单子叶植物叶的一般结构加以说明。

禾本科植物叶的叶片狭长,叶鞘包在茎外,在叶鞘与叶片连接处,有叶舌和叶耳。禾本科植物的叶片和一般叶片一样,具有表皮、叶肉和叶脉三种基本结构。

1. 禾本科植物叶的表皮

禾本科植物叶的表皮细胞的形状比较规则,排列成行,常包括长、短两种类型的细胞。长细胞为长方柱形,长径与叶的纵长轴方向一致,横切面近乎方形,细胞壁不仅角质化,且充满硅质,这是禾本科植物叶的特征。短细胞又分为硅质细胞和栓质细胞两种。硅质细胞常为单个的硅质体所充满,禾本科植物的叶,往往质地坚硬,其易戳破手指就是由于含有硅质。栓质细胞是一种细胞壁栓质化的细胞,常含有有机物质。在表皮上,往往是一个长细胞和两个短细胞交互排列,有时也可见多个短细胞聚集在一起。长细胞与短细胞的形状、数目和相对位置,因植物种类而异。

2. 禾本科植物叶的叶肉

禾本科植物叶的叶肉组织比较均一,不分化成栅栏组织和海绵组织,所以,禾本科植物的叶是等面叶,叶肉内的胞间隙较小,在气孔的内方有较大的胞间隙,即孔下室。

3. 禾本科植物叶的叶脉

禾本科植物叶的叶脉内的维管束是有限外韧维管束,与茎内的结构基本相似。禾本科植物叶内的维管束一般平行排列,较大的维管束与上、下表皮间存在着厚壁组织;维管束外,往往由一层或两层细胞包围,组成维管束鞘。

五、叶的生态类型

（一）旱生植物和水生植物的叶

1. 旱生植物的叶

在外形上，旱生植物植株矮小，根系发达，叶小而厚，多茸毛；在结构上，旱生植物叶的表皮细胞壁厚，角质层发达。

2. 水生植物的叶

水生植物的整个植株生在水中，因此，它们的叶，特别是沉水叶不怕缺水。沉水叶和旱生植物的叶，在结构上迥然不同。沉水叶一般形小而薄，有些植物的沉水叶裂成丝状，以增加与水的接触面和气体的吸收面。水生植物叶的表皮细胞壁薄，不角质化或轻度角质化，一般具叶绿体，无气孔；叶肉不发达，也无栅栏组织与海绵组织的分化；维管组织和机械组织极端衰退；胞间隙特别发达，形成通气组织，即具大细胞间隙的薄壁组织，如眼子菜属的菹草。

（二）阳地植物和阴地植物的叶

1. 阳地植物的叶

阳地植物受热和受光较强，所处的环境中，空气较干燥，风的影响也较大，这些都加强了蒸腾作用。

2. 阴地植物的叶

阴地植物的叶倾向于湿生形态，一般叶片较大而薄，表皮细胞有时具叶绿体，角质层较薄，气孔数较少；叶肉内栅栏组织不发达，胞间隙较发达，叶绿体较大，叶绿素含量较多。这些形态结构都有利于光的吸收和利用，在弱光环境下是非常有必要的。

六、落叶和离层

植物的叶并不能永久存在，而是有一定的寿命的，也就是在一定的生活期终结时，叶就会枯死。叶的生活期的长短，因植物种类而异。一般植物的叶，生活期不过几个月而已，但也有生活期在一年以上或多年的。一年生植物的叶随植物的死亡而死亡。常绿植物的叶，生活期一般较长，如女贞可活 1～3 年，松叶可活 3～5 年，罗汉松叶可活 2～8 年，冷杉叶可活 3～10 年，紫杉叶可活 6～10 年。

叶枯死后，或残留在植株上，如稻、蚕豆、豌豆等草本植物的叶，或随即脱落，称为落叶，如多数树木的叶。树木的落叶有两种情况：一种是每当寒冷或干旱季节到来时，全树的叶同时枯死脱落，仅存秃枝，这种树木称为落叶树，如悬铃木、栎、桃、柳、水杉等；另一种是在春、夏季时，新叶发生后，老叶才逐渐枯落，因此，落叶有先后，而不是集中在一个时期内，这种树木整体上看终年常绿，称为常绿树，如茶、黄杨、樟、广玉兰、枇杷、松等。实际上，落叶树和常绿树都是要落叶的，只是落叶的情况有所差异罢了。

【复习思考】

（1）叶的生理功能有哪些？

（2）叶的经济利用有哪些？

（3）叶的生态类型有哪些？

任务 6　植物营养器官的变态

【任务重点】

植物根的变态类型和生理功能,植物茎的变态类型和生理功能,植物叶的变态类型和生理功能。

【任务难点】

植物营养器官的变态类型和生理功能。

【任务内容】

多数情况下,在不同植物中,同一器官的形态、结构是大同小异的,然而在自然界中,由于环境的变化,植物器官因适应某一特殊环境而会改变它原有的功能,因而也会改变其形态和结构,经过长期的自然选择,这种变化了的形态和结构成了该种植物的特征,这种由于功能的改变所引起的植物器官在形态和结构上的变化称为变态。这种变态与病理的或偶然的变化不同,它是健康的、正常的遗传。

一、根的变态类型和生理功能

根的变态有储藏根、气生根和寄生根三种主要类型。

(一)储藏根

储藏根可存储养料,肥厚多汁,形状多样,常见于两年生或多年生的草本双子叶植物。根据来源,储藏根可分为肉质直根和块根两大类。

1. 肉质直根

肉质直根是由主根发育而成的,因而一棵植株上仅有一根肉质直根,在肉质直根的近地面一端的顶部,有一段节间极短的茎,其下由肥大的主根构成肉质直根的主体,一般不分枝,仅在肥大的肉质直根上生有细小须状的侧根。白萝卜、胡萝卜的食用部分即属肉质直根。

2. 块根

和肉质直根不同,块根主要是由不定根或侧根发育而成的,因此,一棵植株上可形成多根块根。另外,块根的组成不含下胚轴和茎的部分,而是完全由根的部分构成。

(二)气生根

气生根是指生长在地面以上、暴露在空气中的根。常见的气生根有以下三种。

1. 支柱根

支柱根是指在植物茎节上生出的一些不定根。这些在较近地面茎节上的不定根不断地延长后,根先端伸入土中,并继续产生侧根,能成为增强植物整体支持力量的辅助根系,因此称为支柱根。支柱根深入土中后,可再产生侧根,具支持和吸收作用。

2. 攀缘根

常春藤、络石、凌霄等的茎细长柔弱,不能直立,其上生有不定根,以固着在其他树干、山石或墙壁等表面而攀缘上升,这种根称为攀缘根。

3. 呼吸根

生长在海岸腐泥中的红树、木榄,以及河岸、池边的水松,它们都有许多支根,从腐泥中

向上生长,挺立在泥外空气中。呼吸根外有呼吸孔,内有发达的通气组织,有利于通气和储存气体,以适应土壤中缺氧的情况,维持植物的正常生长。

（三）寄生根

寄生植物如菟丝子,以茎紧密地回旋缠绕在寄主茎上,叶退化成鳞片状,并以突起状的根伸入寄主茎的组织内,使彼此的维管组织相通,以吸取寄主体内的养料和水分,这种根称为寄生根,也称为吸器。

二、茎的变态类型和生理功能

茎的变态可以分为地上变态茎和地下变态茎两种。

（一）地上变态茎

地上茎由于和叶有密切的关系,因此,有时也称为地上枝。常见的地上变态茎有以下五种。

1. 茎刺

茎转变成刺,这种茎称为茎刺或枝刺,如山楂、酸橙的单刺,以及皂荚分枝的刺等。

2. 茎卷须

许多攀缘植物的茎细长,不能直立,转变成卷须,这种茎称为茎卷须或枝卷须。茎卷须的位置或与花枝的位置相当(如葡萄),或生于叶腋(如南瓜、黄瓜),与叶卷须不同。

3. 叶状茎

茎转变成叶状,扁平,呈绿色,能进行光合作用,这种茎称为叶状茎或叶状枝。

4. 小鳞茎

蒜的花间,常生小球体,具肥厚的小鳞片,称为小鳞茎,也称珠芽。小鳞茎长大后脱落,在适合的条件下,可发育成新植株。

5. 小块茎

薯蓣(山药)、秋海棠的腋芽,常成肉质小球,但不具鳞片,类似块茎,称为小块茎。

（二）地下变态茎

地下茎一般皆生在地下,常见的地下变态茎有以下四种。

1. 根状茎

根状茎简称根茎,横卧地下,形较长,如狗牙根、马兰、白茅等都有根状茎。根状茎储有丰富的养料,春季腋芽可以发育成新的地上枝。

2. 块茎

最常见的块茎是马铃薯的块茎。马铃薯的块茎是由根状茎的先端膨大、积累养料所形成的。

3. 鳞茎

由许多肥厚的肉质鳞叶包围的扁平或圆盘状的地下茎,称为鳞茎。百合、洋葱、蒜等都具有鳞茎。

4. 球茎

球茎是指球状的地下变态茎,如荸荠、慈姑、芋等,它们都是由根状茎先端膨大而形成的。球茎有明显的节和节间,节上具褐色膜状物,即鳞叶,为退化变形的叶。球茎具顶芽,荸荠更有较多的侧芽簇生在顶芽四周。

三、叶的变态类型和生理功能

叶的变态主要有六种。

1. 苞片和总苞

生在花下面的变态叶,称为苞片。苞片一般较小、呈绿色,但也有形大、呈各种颜色的。苞片数多而聚生在花序外围的,称为总苞。苞片和总苞有保护花芽或果实的作用。

2. 鳞叶

功能特化或退化成鳞片状的叶,称为鳞叶。鳞叶的存在有两种情况:一种是木本植物的鳞芽外的鳞叶,常呈褐色,具茸毛或有黏液,有保护芽的作用,也称芽鳞;另一种是地下茎上的鳞叶,有肉质的和膜质的两种。

3. 叶卷须

叶的一部分变成卷须,这种叶称为叶卷须。豌豆羽状复叶先端的一些叶片变成的卷须,菝葜的托叶变成的卷须,都是叶卷须。叶卷须有攀缘的作用。

4. 捕虫叶

植物具有的能捕食小虫的变态叶,称为捕虫叶。具捕虫叶的植物,称为食虫植物或肉食植物。捕虫叶有囊状(如狸藻)、盘状(如茅膏菜)、瓶状(如猪笼草)等。

5. 叶状柄

有些植物的叶片不发达,叶柄转变成扁平的片状,并具叶的功能,称为叶状柄。我国广东、台湾等地的台湾相思树,只在幼苗时出现几片正常的羽状复叶,以后产生的叶,其小叶完全退化,仅存叶状柄。

6. 叶刺

叶或叶的部分(如托叶)变成的刺状突起,称为叶刺。叶刺腋(即叶腋)中有芽,以后发展成短枝,枝上具正常的叶。

植物营养器官的变态,就来源和功能而言,可分为同源器官和同功器官,它们都是植物长期适应环境的结果。同类器官,长期进行不同的生理功能,以适应不同的外界环境,就会导致功能不同、形态各异,成为同源器官,如叶刺、鳞叶、捕虫叶、叶卷须等,都是叶的变态;反之,相异的器官,长期进行相似的生理功能,以适应某一外界环境,就会导致功能相同、形态相似,成为同功器官,如茎卷须和叶卷须,以及茎刺和叶刺,它们分别是茎和叶的变态。而有些同源器官和同功器官是不易区分的,只有对形态、结构和发育过程进行全面研究,才能做出较为准确的判断。

【复习思考】

(1)简述植物根的变态类型和生理功能。

(2)简述植物茎的变态类型和生理功能。

(3)简述植物叶的变态类型和生理功能。

任务7 植物营养器官间的相互联系

【任务重点】

植物营养器官的维管组织的联系,营养器官在植物生长过程中的相互影响。

【任务难点】

营养器官在植物生长过程中的相互影响。

【任务内容】

一、营养器官的维管组织的联系

(一)茎与叶的维管组织的联系

一般叶的叶柄具表皮、皮层和维管束,是和茎的结构相连接的,这里值得一提的是茎和叶的维管组织的联系。叶迹是指茎中维管束从内向外弯曲之点起,通过皮层,到叶柄基部止的这一段。各种植物的叶迹,由茎伸入叶柄基部的方式是不同的,有的由茎中的维管束伸出,在节部直接进入叶柄基部;有的从茎中维管束伸出后,和其他叶迹汇合,再沿着皮层上升穿越一节或多节,才进入叶柄基部。叶迹进入叶柄基部后,和叶维管束相连,通过叶柄伸入叶片,在叶片内广泛分枝,构成叶脉。叶迹从茎的维管柱上分出向外弯曲后,叶迹上方会出现一个空隙,并由薄壁组织填充,这个区域称为叶隙。

(二)茎与根的维管组织的联系

茎和根共同组成植物体的体轴。在植物幼苗时期的茎和根相接的部分,出现双方各自特征性结构(即根的初生维管组织为间隔排列,木质部为外始式;茎的初生维管组织为内外排列,木质部为内始式)的过渡,称为根和茎的过渡区(简称过渡区,也称转变区)。

过渡区通常很短,从小于1 mm到2～3 mm,很少达到厘米级。过渡一般发生在胚根以上的下胚轴的最基部、中部或上部,终止于子叶节上。

在过渡区,表皮、皮层等是直接相连的,但维管组织要有一个转变和连接的过程。茎和根中维管组织的类型和排列有着显著的不同:根中的初生木质部和初生韧皮部是相互独立、交互排列的,初生木质部是外始式;茎内的初生木质部和初生韧皮部则位于同一半径上,形成内外排列,组成维管束,而初生木质部又往往是内始式。这样,由根到茎的维管组织,必然要有一个转变,才能相互连接,这个转变就发生在过渡区内。

二、营养器官在植物生长过程中的相互影响

(一)地下部分与地上部分的相互关系

从根、茎、叶的生理功能上也可看出它们之间的相互关系,这些关系是由于各器官之间存在着营养物质的供应、生长激素的调节,以及水分和矿质营养等的影响,所以产生促进与抑制的关系。种子萌发时,一般情况下,总是根先长出,在根生长到一定程度时,下胚轴和胚芽出土,形成地上枝系,说明地下部分根系的发展为地上部分枝系的生长奠定了基础。同样,在植物的整个生长过程中,只有健全发展的根系,才能保证水分、无机盐、氨基酸、生长激素等的充分供应,为地上枝系良好的生长发育提供有利的物质条件。所谓"根深叶茂,本固

枝荣"正是如此。如果根系不健全,地上部分也一定不能繁荣,"拔苗助长"之所以可笑,是因为"拔苗"必然破坏根系,所以希望"助长"枝系是完全不可能的。当种子内的养料消耗殆尽时,根系又要从地上部分,特别是从叶的部分,取得养料,才能继续发展。所以此时,"叶茂"才能"根深","枝荣"才能"本固"。根系的健全发展有赖于叶制造的有机养料、维生素、生长激素等,这些物质通过茎输送到根系。叶的蒸腾作用也是根系吸水的动力之一。在枝条的扦插中,即使仅留一片叶片,也会较快地生出不定根来,这就说明了地上部分与地下部分相互依存、相互制约的辩证关系,生产实践中也正是利用这种辩证关系来调整和控制植物生长的。

(二)顶芽与腋芽的相互关系

一株植物枝上的芽,并不是全部都开放的,一般情况下,只有顶芽和离顶芽较近的少数腋芽才能开放,而大多数的腋芽是处于休眠状态的。

顶芽和腋芽的发育是相互制约的。顶芽发育得好,主干就长得快,而腋芽却会受到抑制,不能发育成新枝或发育得较慢。只有摘除顶芽(通称打顶)或顶芽受伤,顶芽以下的腋芽才能开始活动,较快地发育成新枝。这种顶芽生长占优势,抑制腋芽生长的现象,称为顶端优势。

所以,顶端优势的存在,实质上是生长激素对腋芽生长活动的抑制作用。顶端优势的强弱,还随着作物的种类、生育时期及供肥等情况而变化。水稻、小麦等作物,在分蘖时期顶端优势比较弱,地下的分蘖节上,可以进行多次的分蘖,但是芦苇、毛竹的顶端优势却很强,地上茎一般不分枝,或分枝很弱。因此,了解各种植物芽的活动规律,对生产实践具有重大意义。

【复习思考】

(1)简述营养器官的维管组织的联系。

(2)简述营养器官在植物生长过程中的相互影响。

任务 8　植物的生殖器官

【任务重点】

花的形态与发育,果实的形成、结构及类型。

【任务难点】

果实的形成、结构及类型。

【任务内容】

一、花的形态与发育

1. 花的组成

一朵典型的花由花梗和花托、花萼、花冠、雄蕊、雌蕊等部分组成。通常把具有花萼、花冠、雄蕊和雌蕊的花叫作完全花;如果缺少其中任何一部分或几部分,则叫作不完全花。

(1)花梗和花托。花梗(柄)是着生花的小枝,其顶端膨大的部分叫作花托。花梗和花托具有运输水分和营养物质及支持花的作用。

（2）花萼。花萼是萼片的总称，位于花的最外面，形似叶，通常呈绿色。花萼分为离萼、合萼、宿萼、副萼。

（3）花冠。花冠位于花萼的内面，由花瓣组成。

（4）雄蕊。雄蕊位于花冠之内，每枚雄蕊由花药和花丝两部分组成。花药通常有四个花粉囊，成熟的花药内有大量的花粉粒。

（5）雌蕊。雌蕊位于花的中央，是由心皮卷合而成的。每枚雌蕊由柱头、花柱和子房三部分组成。雌蕊分为单雌蕊、复雌蕊和离生单雌蕊。

2. 禾本科植物的花

禾本科植物的花的形态与一般花的形态不同，现以小麦为例进行说明。

小麦麦穗是复穗状花穗，在主轴上连生许多小穗，每一小穗的基部都由两个颖片包裹，其内着生数朵花，通常基部有两三朵花发育正常，为可育花，上部是发育不完全的不育花。每一朵可育花都由外稃、内稃、两片囊状浆片、三枚雄蕊和一枚两个羽毛状柱头的雌蕊组成。开花时，浆片吸水膨胀，撑开外稃和内稃，露出雄蕊和柱头，以适应风力传粉。

3. 花序

花序可分为无限花序和有限花序两大类。

（1）无限花序。花轴基部的花先开，渐及上部，花轴顶端可继续生长、延伸；若花轴很短，则由边缘向中央依次开花。无限花序的类型有总状花序、伞房花序、穗状花序、伞形花序、葇荑花序、圆锥花序、头状花序和隐头花序。

（2）有限花序。开花顺序与无限花序相反，是顶端或中心的花先开，然后由上向下或由内向外逐渐开放。有限花序的类型有单歧聚伞花序、二歧聚伞花序和多歧聚伞花序。

二、果实的形成、结构及类型

（一）果实的形成

受精作用完成后，花的各部分随之发生显著变化，通常花被脱落，但也有些植物的花萼宿存于果实上，雄蕊和雌蕊的柱头、花柱枯萎，仅子房连同其中的胚珠生长、膨大，发育成果实。

（二）果实的结构

1. 真果的结构

由子房发育而成的果实称为真果，真果的外面为果皮，内含种子。果皮由子房壁发育而来，可分为外果皮、中果皮和内果皮。

2. 假果的结构

除子房外，由花的其他部分发育而成的果实，称为假果。假果的果实，如苹果、梨的食用部分主要由花筒发育而来，而真正的果皮，包括外、中、内三层果皮都位于果实中央托杯内，仅占很少部分，其内为种子。

（三）果实的类型

被子植物的果实大体分为单果、聚合果和复果三类。

1. 单果

由一朵花中的一枚雌蕊所形成的果实，称为单果。单果又分为肉质果和干果。

肉质果主要有浆果、柑果、瓠果、梨果和核果。干果主要有裂果和闭果。裂果又有荚果、蓇葖果、角果和蒴果等;闭果又有瘦果、胞果、坚果、翅果、分果和颖果等。

2. 聚合果

聚合果是由一朵花中的离生单雌蕊发育而成的果实,许多小果聚生在花托上。聚合果又分为聚合瘦果(如草莓)、聚合核果(如悬钩子)和聚合蓇葖果(如八角、茴香)等。

3. 复果

由生长在一个花序上的许多花的成熟子房和其他花器官联合发育而成的果实,称为复果,又称聚花果,如凤梨、无花果、桑葚等。

【复习思考】

(1)以小麦为例,说明禾本科植物花的构造特点。

(2)简述果实的形成、结构及类型。

任务 9　植物种子和幼苗

【任务重点】

种子的结构和类型,种子的萌发和幼苗的形成。

【任务难点】

种子的结构,种子萌发的外界条件,幼苗的类型。

【任务内容】

种子在植物学上属于繁殖器官,它和植物繁衍后代有着密切联系。植物界的所有类群并不都是以种子进行繁殖的,只有在植物界系统发育地位最高、形态结构最为复杂的一个类群——种子植物才能产生种子。种子植物名称的由来,也正反映了这一特点。种子又是种子植物的花在完成开花、传粉和受精等一系列有性生殖过程后产生的,是有性生殖的产物,所以和花的结构密切相关。为了进一步了解种子植物的个体发生和形态结构的形成过程,应当先对种子有一定的了解。

一、种子的结构和类型

不同植物所产生的种子在大小、形状、颜色和内部结构等方面有着较大的差别。大者如椰子的球形种子,其直径可达 15～20 cm;小的如一般习见的油菜、芝麻种子;烟草的种子比油菜、芝麻的更小,其大小犹如微细的沙粒。种子的形状多种多样,有肾形的,如大豆、菜豆种子;圆球形的,如油菜、豌豆种子;扁形的,如蚕豆种子;椭圆形的,如落花生种子等。种子的颜色也各有不同,有纯为一色的,如黄色、青色、褐色、白色或黑色等;也有具彩纹的,如蓖麻的种子。正因为种子的外部形态如此多样化,所以利用种子外形的特点以鉴别植物种类,已受到植物分类工作者和商品检验、检疫等工作者的重视。

(一)种子的结构

虽然种子的形态存有差异,但是种子的基本结构却是一致的。种子的结构包括胚、胚乳和种皮三部分,分别由受精卵(合子)、受精的极核和珠被发育而成。大多数植物的珠心部分在种子形成过程中被吸收利用而消失,也有少数种类的珠心继续发育,直到种子成熟,成为

种子的外胚乳。虽然不同植物种子的大小、形状，以及内部结构颇有差异，但它们的发育过程却是大同小异的。

（二）种子的类型

根据种子成熟时是否具有胚乳，可以将种子分为两种类型：一种是有胚乳的，称为有胚乳种子；另一种是没有胚乳的，称为无胚乳种子。

1. 有胚乳种子

有胚乳种子由种皮、胚和胚乳三部分组成，双子叶植物中的蓖麻、烟草、桑、茄、田菁等植物的种子，以及单子叶植物中的水稻、小麦、玉米、洋葱、高粱等植物的种子，都属于这一类型。

2. 无胚乳种子

无胚乳种子由种皮和胚两部分组成，没有胚乳。双子叶植物如大豆、落花生、蚕豆、棉、油菜、瓜类等的种子和单子叶植物如慈姑、泽泻等的种子，都属于这一类型。

二、种子的萌发和幼苗的形成

种子是有生命的，胚体充分成熟的种子，在合适的条件下，通过一系列同化和异化作用，就开始萌发，长成幼苗。种子的生命也是有一定期限的，每种植物种子生命的长短决定于该种植物本身的遗传特性，也与休眠阶段种子的储藏条件有关。在生产实践中，为了提高产量，必须了解种子的休眠和寿命、种子萌发的条件和过程，以及幼苗的形态特征。

（一）种子的休眠和种子的寿命

1. 种子的休眠

种子形成后虽已成熟，即使在适宜的环境条件下，也往往不能立即萌发，必须经过一段相对静止的阶段后才能萌发，种子的这一性质称为休眠。种子休眠的原因是多方面的，只有根据不同的休眠原因，采取适当措施，才能打破或缩短休眠期限，促使种子萌发。种子休眠的主要原因有以下几种。

（1）种皮阻碍了种子对水分和空气的吸收，或是种皮过于坚硬，使胚不能突破种皮向外伸展。这类种子的种皮极其坚厚，含有角质或酚类化合物，不易使水分透过，对氧的渗透作用也极微弱，如豆科、锦葵科植物中的某些属种，以及苍耳等的种子都具有这样的性质。

（2）种子内的胚尚未成熟，或种子的后熟作用。有些植物的种子在脱离母体时，胚体并未发育完全，或胚在生理上尚未完全成熟，这类种子即使在适宜的环境条件下，也不能萌发成长。银杏、毛茛、紫堇等植物的种子或果实脱离母体时，里面的胚还没有充分发育成熟，需要经过一段休眠时期，等胚充分发育成熟后才能萌发。

（3）某些抑制物质的存在，阻碍了种子的萌发。抑制种子萌发的物质有有机酸、植物碱和某些植物激素，以及某些经分解后能释放氨或氰类的有机物。

2. 种子的寿命

种子的寿命是指种子在一定条件下保持生活力的最长期限，超过这个期限，种子的生活力就会丧失，也就会失去萌发的能力。不同植物种子寿命的长短是不一样的，长的可达百年，短的仅有几周。

（二）种子萌发的外界条件

成熟、干燥的种子，在没有取得一定外界条件时，是处在休眠状态下的，这时，种子里的胚几乎完全停止生长,一旦休眠的种子解除了休眠,并获得了合适的环境条件,处在休眠状态下的胚就会转入活动状态,开始生长,这一过程称为种子萌发。萌发所不可缺少的外界条件是充足的水分、适宜的温度和足够的氧气;有些种子萌发时,光也是一个必要的条件。

1. 种子萌发要有充足的水分

干燥的种子含水量少,一般仅占种子总重量的 $5\%\sim10\%$,在这样的条件下,很多重要的生命活动是无法进行的,所以种子萌发的首要条件是吸收充分的水分,种子只有吸收了足够的水分以后,其生命活动才能活跃起来。

2. 种子萌发要有适宜的温度

种子萌发时,种子内的一系列物质变化,包括胚乳或子叶内有机养料的分解,以及有机物质和无机物质的同化,都是在各种酶的催化作用下进行的,而酶需要有一定的温度才能发挥其作用,所以温度也就成了种子萌发的必要条件之一。

3. 种子萌发要有足够的氧气

种子萌发时,除水分、温度外,还要有足够的氧气,这是因为种子在萌发时,种子各部分细胞的代谢作用加快进行,储藏在胚乳或子叶内的有机养料,在酶的催化作用下快速分解,运送到胚,而胚细胞将这部分养料加以氧化分解,以取得能量,维持生命活动的进行,同时将一部分养料经过同化作用,组成新细胞的原生质,所有这些活动是需要能量的,而能量只能通过呼吸作用产生。所以氧气就成了种子萌发的必要条件之一,特别是在萌发初期,种子的呼吸作用十分旺盛,需氧量更大。作物播种前松土,就是为了给种子的萌发提供呼吸所需要的氧气,所以十分重要。

以上三者缺少任何一条,种子都不能萌发。大多数植物种子的萌发和光照关系不大,在黑暗或光照条件下都能正常进行,但有少数植物的种子,需要在有光的条件下,才能萌发良好,对于这些种子,光就成为其萌发的必要条件之一,如烟草、杜鹃等的种子。同时,也有少数植物的种子,如苋菜、菟丝子等的种子,只有在黑暗条件下才能萌发。光照之所以能促进种子萌发,或抑制种子萌发是因为植物内含有一种称为光敏素的特殊物质。此外,土壤的酸碱性,对种子萌发也有一定影响。一般种子在中性、微酸性或微碱性的土壤中萌发良好,酸碱度过高对一般种子萌发不利。

(三) 幼苗的类型

不同种类植物的种子在萌发时,由于胚体各部分,特别是胚轴部分的生长速度不同,所以成长的幼苗在形态上也不一样。常见的植物幼苗可分为两种类型:一种是子叶出土的幼苗,另一种是子叶留土的幼苗。

1. 子叶出土的幼苗

双子叶植物无胚乳种子(如大豆、棉、油菜和各种瓜类的种子)的幼苗,以及双子叶植物有胚乳种子(如蓖麻的种子)的幼苗,都属于子叶出土的幼苗。这类植物的种子在萌发时,胚根先突出种皮,伸入土中,形成主根,然后下胚轴加速伸长,将子叶和胚芽一起推出土面,所以幼苗的子叶是出土的。大豆等种子的肥厚子叶出土后,继续把储藏的养料运往根、茎、叶等,直到营养消耗完毕,子叶干瘪脱落。棉等种子的子叶较薄,出土后立即展开并变绿,进行光合作用,待真叶伸出,子叶才枯萎脱落。

2. 子叶留土的幼苗

双子叶植物无胚乳种子(如蚕豆、豌豆、荔枝、柑橘的种子)和有胚乳种子(如橡胶树的种

子)的幼苗,以及单子叶植物种子(如小麦、玉米、水稻等的种子)的幼苗,都属于子叶留土的幼苗。这些植物种子萌发的特点是下胚轴不伸长,上胚轴伸长,所以子叶或胚乳并不随胚芽伸出土面,而是留在土中,直到耗尽养料死去。

　　了解幼苗的类型,对生产实践有指导意义,因为萌发类型与种子的播种深度有密切关系。一般情况下,子叶出土幼苗的种子播种宜浅,有利于胚轴将子叶和胚芽顶出土面。子叶留土幼苗的种子,播种可以稍深。此外,种子播种时还要考虑到不同作物种子在萌发时,顶土的力量不完全一样。

【复习思考】

　　(1)植物的种子在结构上包括哪几个重要的组成部分?

　　(2)什么是种子的休眠?种子休眠的原因是什么?

　　(3)外界条件对种子萌发有怎样的影响?

项目 3　植物生长土壤环境调控

【项目目标】

掌握土壤的基本组成,了解不同质地土壤的农业生产特性和土壤有机质的转化和作用,以及土壤的基本性质。

【项目说明】

土壤是岩石圈表面能够生长植物的疏松表层,它提供植物生活所必需的营养元素和水分。植物和土壤之间有频繁的物质交换,彼此强烈影响。

在控制环境以促进植物生长发育的过程中,常发现气候因素不易改变,而土壤因素则较容易改变。

任务 1　土壤的基本组成认知

【任务重点】

土壤的基本组成,土壤质地的类型及质地与土壤肥力的关系,土壤有机质的转化及作用,土壤通气性对植物生长发育的影响。

【任务难点】

土壤有机质的转化及作用,土壤矿物质和土壤质地。

【任务内容】

一、土壤、土壤肥力

1. 土壤的概念

土壤即指覆盖在地球陆地表面上的、能够生长绿色植物的疏松表层。

(1) 自然土壤:自然界尚未开垦种植的土壤。

(2) 农业土壤:在自然土壤的基础上,由人类开垦耕种和培育的土壤。

2. 土壤肥力的概念

土壤肥力是指在植物生长发育过程中,土壤不断地供给和调节植物所必需的水、肥、气、热等物质和能量的能力。

3. 土壤的组成

在自然界中,土壤由矿物质和有机质(固相)、土壤水分(液相)及土壤空气(气相)三相物质组成。

二、土壤矿物质和土壤质地

（一）土壤矿物质

土壤矿物质是岩石矿物质的风化产物，其颗粒大小差别很大。通常肉眼可见的大颗粒多是破碎的原生矿物，而细小的土粒则是经过化学风化作用改造形成的次生矿物。

1. 原生矿物

原生矿物是在风化过程中没有改变化学组成而遗留在土壤中的一类矿物，主要有石英、长石、云母、辉石、角闪石、橄榄石等。

2. 次生矿物

次生矿物是原生矿物在风化和成土作用下，重新形成的一类矿物，主要有高岭石、蒙脱石、伊利石等次生铝硅酸盐矿物和铁、铝、硅等氧化物或含水氧化物（如三水铝石）。

（二）土壤质地

土壤中各种粒级的配合和组合状况称为土壤质地。根据土壤质地可将土壤划分为沙土、黏土和壤土三类（见表 3-1）。

表 3-1　土壤质地及生产特性

质　　地	肥　力　特　征	生　产　特　性
沙土	土壤沙粒多，大空隙多，小空隙少，故透水、透气性强，而保水、保肥性差；沙土含养分少，有机质分解快，易脱肥，施用速效肥料往往肥力猛而不长，俗称"一烘头"；沙土因水少气多，土温升降速度快，昼夜温差大，被称为"热性土"	种子出苗快，发小苗不发老苗；易于耕作，但泡水后会淀浆板结，俗称"闭沙"；这类土壤宜种植生育期短、耐贫瘠，要求土壤疏松、排水性良好的作物，如薯类、花生、芝麻、西瓜、果树等
黏土	黏粒含量较多，其粒间孔隙小而总孔隙度大，毛管作用强烈，透水、透气性差，但保水、保肥性强；黏土矿质养分丰富，加之通气不良，有机质分解缓慢，肥效稳长，后劲足；黏土因水多气少，土温升降速度慢，昼夜温差小，被称为"冷性土"	湿时泥泞，"天晴一把刀，落雨一团糟"，耕后大坷垃多，作物不易做到全苗、齐苗；土性冷，肥效稳长，发老苗不发小苗；这类土壤宜种植水稻、小麦、玉米、高粱、豆类等生育期长、需肥量大的作物
壤土	兼有沙土与黏土的优点，通气、透水性良好，保水、保肥性强；有机质分解较快，供肥性能好；土温较稳定，耕性良好	水、肥、气、热状况比较协调，适宜种植各种作物，发小苗也发老苗——"壮子送老"

三、土壤生物和有机质

（一）土壤生物

土壤生物包括土壤动物、植物和微生物。这里主要介绍土壤动物和土壤微生物。

1. 土壤动物

（1）种类：蚯蚓、线虫、蚂蚁、蜗牛、蠕虫、螨类等。

（2）作用：粉碎土壤中的有机物残体，促进微生物的分解作用；其粪便排入土壤，可提高土壤肥力;蚯蚓和蚂蚁在形成团粒结构方面有重要作用,常作为土壤肥力的标志之一;但有些动物对植物有害。

2. 土壤微生物

(1)种类:重要的类群有细菌、放线菌、真菌、藻类、原生动物及病毒等。

(2)作用:分解有机质,释放养分;分解农药等对环境有害的有机物质;分解矿物养分;固定大气氮素,增加土壤氮素养分;利用磷、钾细菌制成生物肥料,施入土壤促进土壤磷、钾的释放;合成土壤腐殖质,培肥土壤;分泌大量的酶,促进土壤养分的转化;其代谢产物可刺激作物生长,抑制某些病原菌的活动。

(二)土壤有机质

土壤有机质是指来源于生物(主要指土壤植物和微生物)且经过土壤改造的有机化合物。

1. 土壤有机质的来源与组成

(1)来源:施用的有机肥料、作物的秸秆及残留的根茬等,此外,土壤动物残体和微生物、一些生物制品的废弃物,以及工业废水、废渣及污泥等也是土壤有机质的重要来源。

(2)元素组成:主要是 C、O、H、N,分别占 52%～58%、34%～39%、3.3%～4.8% 和3.7%～4.1%,其次是 P 和 S。

(3)物质组成:碳水化合物(单糖、多糖、淀粉、纤维素、果胶物质等)、木质素、蛋白质、树脂、蜡质等占 10%～15%;腐殖质占 85%～90%,是土壤有机质的主体。

(4)转化过程:矿质化过程是将有机质分解为简单的物质,释放出大量能量的过程,是释放养分和消耗有机质的过程;腐殖化过程是微生物作用于有机物质,使之转变为复杂腐殖质的过程,是积累有机质、存储养分的过程。

2. 土壤有机质的作用及管理措施

1)作用

土壤有机质的主要作用有:提供作物需要的养分;增加土壤的保水、保肥性;形成良好的土壤结构,改善土壤的物理性质;促进微生物活动,活跃土壤中养分代谢等。此外,由土壤有机质转化而来的腐殖质有助于消除土壤中的农药残毒和重金属污染,起到净化土壤的作用。腐殖质中某些物质如胡敏酸、维生素、激素等还可刺激植物生长。

2)管理措施

管理土壤有机质的主要措施有增施厩肥,堆肥,种植绿肥,水田放养绿藻,秸秆还田等。

四、土壤水分和空气

土壤水分和空气存在于土壤孔隙中,二者此消彼长,即水多气少,水少气多。

(一)土壤水分

土壤水分并不是纯水,而是含有多种无机盐与有机物的稀薄溶液。

(二)土壤空气

1. 组成特点

土壤空气的组成特点主要有:土壤空气中的 CO_2 含量高于大气,土壤空气中的 O_2 含量低于大气,土壤空气中的水汽含量高于大气,土壤空气中的还原性气体含量高于大气,土壤

空气成分随时间和空间而变化。

2. 土壤通气性

1）概念

土壤空气与大气之间常通过扩散作用和整体交换形式不断地进行气体交换,这种性能称为土壤通气性。

2）作用

土壤通气性的主要作用有:影响种子萌发,影响植物根系的发育与吸收功能,影响土壤养分状况,影响作物的抗病性等。

3）调节

通过深耕结合施用有机肥料、合理排灌、适时中耕等措施来调节土壤的通气状况,改善土壤水、肥、气、热等条件,给植物生长创造适宜的环境条件。

【复习思考】

（1）土壤由哪几部分组成?

（2）各种质地的土壤的农业生产特性如何?

任务 2　土壤的基本性质认知

【任务重点】

土壤结构体的类型,土壤团粒结构在土壤肥力上的作用及创造土壤团粒结构的农业措施,土壤酸碱性与土壤肥力的关系,土壤耕性的判断与改良。

【任务难点】

土壤结构体的类型与特点,土壤胶体。

【任务内容】

土壤的物理性质包括土壤孔隙性、土壤结构性、土壤物理机械性和土壤耕性等,土壤的化学性质包括土壤保肥性、土壤供肥性、土壤酸碱性、土壤缓冲性等。

一、土壤孔隙性与结构性

（一）土壤孔隙性

1. 概念

土壤孔隙性是土壤孔隙的数量、大小、比例和性质的总称。

2. 土壤密度

土壤密度是指单位体积土粒（不包括粒间孔隙）的烘干土重量,单位是 $g \cdot cm^{-3}$ 或 $t \cdot m^{-3}$。一般情况下,把土壤的密度视为常数,即 $2.65\ g \cdot cm^{-3}$。

3. 土壤容重

土壤容重是指在田间自然状态下,单位体积土壤（包括粒间孔隙）的烘干土重量,单位也是 $g \cdot cm^{-3}$ 或 $t \cdot m^{-3}$。

4. 土壤孔隙度

土壤孔隙度是指单位体积土壤中孔隙体积占土壤总体积的百分数。实际工作中,土壤孔隙度可根据土壤密度和土壤容重计算得出。土壤孔隙度一般为 $30\%\sim60\%$，适宜的孔隙度为 $50\%\sim60\%$。

5. 土壤孔隙类型

根据土壤孔隙的通透性和持水能力，可将其分为三种类型，如表 3-2 所示。

表 3-2　土壤孔隙的类型及性质

孔隙类型	通气孔隙	毛管孔隙	无效孔隙（非活性孔隙）
当量孔径	>0.02 mm	0.002～0.02 mm	<0.002 mm
土壤水吸力	<15 kPa	15～150 kPa	>150 kPa
主要作用	此孔隙有通气、透水的作用，常被空气占据	此孔隙内的水分受毛管力影响，能够移动，可被植物吸收利用，起到保水、蓄水作用	此孔隙内的水分移动困难，不能被作物吸收利用，空气及根系不能进入

6. 土壤孔隙性与植物生长的关系

适宜于植物生长发育的耕作层土壤孔隙状况为：总孔隙度为 $50\%\sim56\%$，通气孔隙度在 10% 以上，如能达到 $15\%\sim20\%$ 更好；毛管孔隙度与非毛管孔隙度之比以 2∶1 为宜，无效孔隙度要求尽量低。对于植物生长发育而言，在同一土体内，孔隙的垂直分布应为"上虚下实"。

（二）土壤结构性

1. 概念

土壤中的土粒一般不呈单粒状态存在（沙土例外），而是相互胶结成各种形状和大小不一的土团存在于土壤中，这种土团称为土壤结构体或团聚体。土壤结构性是指土壤结构体的种类、数量及其在土壤中的排列方式等。

2. 土壤结构体的类型及特点

按照结构体的大小、形状和发育程度，可将土壤结构体分为以下几类（见图 3-1）。

　1　　　　　2　　　　　3　　　　　4　　　　　5　　　　　6　　　　　7

图 3-1　土壤结构体的主要类型

1—块状结构；2—柱状结构；3—棱柱状结构；4—团粒结构；5—微团粒结构；6—核状结构；7—片状结构

（1）团粒与微团粒结构。团粒结构是指近似球形且直径为 0.25～10 mm 的土壤结构体，俗称"蚂蚁蛋""米椮子"等，常出现在有机质含量较高、质地适中的土壤中。

（2）块状与核状结构。这两种结构近似立方体形状。一般块状结构大小不一，边面不明显，结构体内部较紧实，俗称"坷垃"；而核状结构的直径一般小于 3 cm，棱角多，内部紧实坚硬，泡水不散，俗称"蒜瓣土"，多出现在有机质缺乏的黏土中。

（3）柱状与棱柱状结构。柱状结构是指近似直立、体形较大的长方体结构，俗称"立土"。顶端平圆而少棱的称为柱状结构，多出现在典型碱土的下层；边面棱角明显的称为棱

柱状结构,多出现在质地黏重而水分又经常变化的下层土壤中。

(4)片状结构。片状结构是指形状扁平、成层排列的结构体,俗称"卧土"。

3. 团粒结构

1)形成过程

团粒结构一般要经过多次(多级)的复合、团聚才能形成,可概括如下:单粒—复粒(初级微团聚体)—微团粒(二级、三级微团聚体)—团粒(大团聚体)。

2)主要作用

团粒结构的土壤大、小孔隙兼备,能够协调水分和空气的比例,能协调保肥与供肥性能,具有良好的物理性和耕性。

3)培育方法

通过深耕,使土体破裂松散,适时采取耕、锄、耱、镇压等耕作措施,结合施用有机肥料,促进团粒结构的形成;通过种植绿肥或牧草,实行合理轮作倒茬,增加团粒结构;采用沟灌、喷灌、滴灌和地下灌溉等节水灌溉技术,并结合深耕进行晒垡、冻垡,充分利用干湿交替、冻融交替作用,促进团粒结构的形成;施用胡敏酸、树脂胶、纤维素黏胶等土壤结构改良剂来促进团粒结构的形成。

二、土壤耕性

(一)土壤耕性的含义

土壤耕性是指在耕作土壤时土壤所表现出来的各种性质及耕作后土壤的生产性能。它是土壤各种理化性质,特别是物理机械性在耕作时的表现,同时也反映土壤的熟化程度。

(二)土壤耕性的表现

1. 耕作的难易程度

人们常将省工、省劲、易耕的土壤称为"土轻""口松""绵软"的土壤,而将费工、费劲、难耕的土壤称为"土重""口紧""僵硬"的土壤。

2. 耕作质量的好坏

耕性良好的土壤,耕作时阻力小,耕后疏松、细碎、平整,有利于作物的出苗和根系的发育。

3. 宜耕期的长短

宜耕期是指保持适宜耕作的土壤含水量的时间。如沙土宜耕期长,表现为"干好耕,湿好耕,不干不湿更好耕";黏土则相反,宜耕期很短,表现为"早上软,晌午硬,到了下午锄不动"。

(三)宜耕期的选择

1. 看土验墒

雨后或灌溉后,地表呈"喜鹊斑"状态,外白(干)、里灰(湿),外黄、里黑,半干半湿,水分正相当,此时可耕。

2. 手摸验墒

土壤紧握手中能成团,稍有湿印但不黏手心,不成土饼,呈松软状态,土团自由落地能散开,即宜耕。

3．试耕

耕后土壤不黏农具，可被犁开、抛散，即可耕。

（四）土壤耕性的改良

改良土壤耕性的措施有：增施有机肥料，有机质可降低黏土的黏结性和黏着性，减少耕作阻力；通过掺沙、掺黏，改良土壤质地；创造良好的土壤结构；掌握宜耕期土壤的含水量。

三、土壤保肥性与供肥性

（一）土壤胶体

1．概念

土壤胶体是指直径为 $1\sim100$ nm 的土壤颗粒。

2．种类

根据微粒核组成物质的不同，可以将土壤胶体分为无机胶体、有机胶体、有机-无机复合胶体三大类。

3．土壤胶体的特性

土壤胶体的特性有以下几点。

（1）有巨大的比表面和表面能。

（2）带有一定的电荷，根据电荷产生机制的不同，可将土壤胶体产生的电荷分为永久电荷和可变电荷。

（3）具有一定的凝聚性和分散性。

4．土壤的吸收作用

根据土壤对不同形态物质吸收方式的不同，可将其吸收作用分为以下五种类型。

（1）机械吸收作用。机械吸收作用是指土壤对进入土体的固体颗粒的机械截留作用。

（2）物理吸收作用。物理吸收作用是指土壤对分子态物质的吸收作用。

（3）化学吸收作用。化学吸收作用是指易溶性盐能在土壤中转变为难溶性盐而保存在土壤中的作用，也称化学固定作用。

（4）离子交换吸收作用。离子交换吸收作用是指土壤溶液中的阳离子或阴离子能与土壤胶粒表面扩散层中的阳离子或阴离子进行交换而保存在土壤中的作用，又称物理化学吸收作用。

（5）生物吸收作用。生物吸收作用是指土壤中的微生物、植物根系及一些小动物可将土壤中的速效养分吸收、保留在体内的作用。

（二）土壤保肥性

土壤保肥性是指土壤吸持各种离子、分子、气体和粗悬浮物质的能力。

1．阳离子交换吸收作用

阳离子交换吸收作用是指土壤溶液中的阳离子能与土壤胶粒表面扩散层中的阳离子进行交换而保存在土壤中的作用，主要特点有：可逆反应，等电荷交换，反应迅速，受质量作用定律支配。

2．阴离子交换吸收作用

阴离子交换吸收作用是指土壤中带正电荷的胶体所吸收的阴离子与土壤溶液中的阴离

子相互交换的作用。根据被土壤吸收的难易程度可将阴离子分为以下三类。

（1）易被土壤吸收的阴离子，如磷酸根离子（$H_2PO_4^-$、HPO_4^{2-}、PO_4^{3-}）、硅酸根离子（$HSiO_3^-$、SiO_3^{2-}）及某些有机酸的阴离子。

（2）很少被吸收甚至不能被吸收的阴离子，如Cl^-、NO_3^-、NO_2^-等。

（3）介于上述二者之间的阴离子，如SO_4^{2-}、CO_3^{2-}、HCO_3^-及某些有机酸的阴离子。

3. 离子交换吸收作用对土壤肥力的影响

离子交换吸收作用对土壤肥力的主要影响有：影响土壤保肥性与供肥性，影响土壤酸碱性，影响土壤物理性质和耕性，影响土壤缓冲性和稳肥性。

（三）土壤供肥性

1. 概念

土壤在作物整个生育期内，持续不断地供应植物生长发育所必需的各种速效养分的能力和特性，称为土壤供肥性。

2. 土壤供肥性的表现

土壤供肥性主要表现在作物长相、土壤形态、施肥效应、室内化验结果等方面。

3. 原理

土壤供肥性与土壤中速效养分的含量、迟效养分转化成速效养分的速率、交换性离子的有效度等有关。

迟效养分的有效化：迟效养分包括矿物态养分和有机态养分，矿物态养分经过风化可释放出多种可溶性矿质养分，而有机态养分则主要依靠微生物分解而释放。

交换性离子的有效度：交换性离子对植物的有效性，主要取决于饱和度效应、陪补离子效应和阳离子非交换吸收的有效性。

（四）土壤保肥性与供肥性的调节

1. 增加肥料投入，调节土壤胶体状况

增施有机肥料，秸秆还田和种植绿肥，可提高有机质含量；翻淤压沙或掺黏改沙，增加沙土中的胶体含量；适当增施化肥，以无机促有机，均可改善土壤保肥性与供肥性。

2. 科学耕作，合理排灌

科学耕作，以耕促肥，合理排灌，以水促肥，也可改善土壤保肥性和供肥性。

3. 调节交换性阳离子组成，改善养分供应状况

酸性土壤施用适量石灰、草木灰，碱性土壤施用石膏，可调节其阳离子组成，改善土壤保肥性与供肥性。

四、土壤酸碱性及缓冲性

土壤酸性或碱性通常用土壤溶液的 pH 值来表示。我国一般土壤的 pH 值为 4～9，多数土壤的 pH 值为 4.5～8.5，极少有 pH 值低于 4 或高于 10 的。

（一）土壤酸碱性

1. 概念

土壤酸碱性是指土壤溶液中的 H^+ 和 OH^- 浓度比例不同所表现出的酸碱性，通常用

pH 值表示,pH 值是土壤溶液中氢离子浓度的负对数,即 pH＝－log[H$^+$]。

2. 分级

土壤酸碱性的分级如表 3-3 所示。

表 3-3 土壤酸碱性的分级

土壤 pH	＜4.5	4.5～5.5	5.5～6.5	6.5～7.5	7.5～8.5	＞8.5
级别	极强酸性	强酸性	弱酸性	中性	弱碱性	强碱性

3. 土壤酸碱性与土壤肥力的关系

土壤酸碱性与土壤肥力的关系如表 3-4 所示。

表 3-4 土壤酸碱性与土壤肥力的关系

土壤酸碱性		极强酸性	强酸性	弱酸性	中性	弱碱性	强碱性	极强碱性
pH		＜4.5	4.5～5.5	5.5～6.5	6.5～7.5	7.5～8.5	8.5～9.5	＞9.5
主要分布区域或土壤		华南沿海的泛酸田	华南黄壤、红壤		长江中下游水稻土	西北和北方石灰性土壤	含碳酸钙的碱土	
肥力状况	土壤物理性质	越酸,因钙、镁离子减少,氢离子增多,土壤结构越易被破坏				盐碱土中由于钠离子的作用,土粒分散,湿时泥泞不透水,干时坚硬		
	微生物	越酸,有益细菌活动越弱,而真菌活动越强			适宜于有益细菌的生长		越碱,有益细菌活动越弱	
	氮素	硝态氮的有效性降低			氨化作用、硝化作用、固氮作用最为适宜,氮的有效性高		越碱,氮的有效性越低	
	磷素	越酸,磷越易被固定,磷的有效性越低			磷的有效性最高	磷的有效性降低	磷的有效性增加	
	钾、钙、镁	越酸,有效性越低			有效性随 pH 值的增加而增加		钙、镁的有效性降低	
	铁	越酸,铁越多,作物越易受害			越碱,有效性越低			
	硼、锰、铜、锌	越酸,有效性越高			越碱,有效性越低			
	钼	越酸,有效性越低			越碱,有效性越高			
	有毒物质	越酸,铝离子、有机酸等有毒物质越多			盐土中过多的可溶性盐类及碱土中的碳酸盐对植物有害			
化肥施用		宜施用碱性肥料			宜施用酸性肥料			

4. 调节方法

调节土壤酸碱性的主要方法有:因土选种适宜的作物;化学改良;酸性土壤通常通过施用石灰质肥料进行改良,碱性土壤一般通过施用石膏、磷石膏、明矾等进行改良。

（二）土壤缓冲性

1. 概念

土壤具有抵抗外来物质引起酸碱反应剧烈变化的性能，这种性能称为土壤缓冲性。

2. 机理

土壤缓冲性的主要机理有：土壤胶体的缓冲作用，弱酸及其盐类的缓冲作用，土壤中的两性物质作用。如胡敏酸、氨基酸、蛋白质等物质，既能中和酸，又能中和碱，从而起到缓冲作用。

3. 影响因素

土壤缓冲性的大小取决于土壤中的黏粒含量、无机胶体类型和有机质含量等。

4. 调节方法

在农业生产上，可通过沙土掺淤、增施有机肥料和种植绿肥来提高土壤有机质含量，增强土壤的缓冲性。

【复习思考】

（1）土壤胶体有哪些类型？它的基本性质表现在哪些方面？

（2）简要回答土壤吸收作用的五种类型。

（3）土壤结构体的类型有哪些？

任务 3 土壤资源的开发与保护

【任务重点】

土壤剖面，高产肥沃土壤的培肥措施，低产土壤的改良与开发。

【任务难点】

土壤退化的危害与防治。

【任务内容】

一、土壤剖面

从地表向下所挖出的垂直切面叫作土壤剖面。

（一）自然土壤剖面

自然土壤剖面一般可分为四个基本层次：腐殖质层、淋溶层、沉积层和母质层（见图3-2）。

（二）旱地耕作土壤剖面

旱地耕作土壤剖面一般也分为四层：耕作层（表土层）、犁底层（亚表土层）、心土层及底土层（见图3-3）。

（1）耕作层：经常被耕到的土壤表层，厚15～20 cm。

（2）犁底层：受农具耕犁压实，在耕作层下形成的紧实亚表层，厚约10 cm。

（3）心土层：介于犁底层和底土层之间的土层，也叫半熟化土层，厚度一般为20～30 cm。

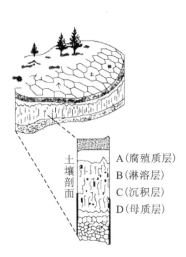

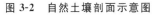

图 3-2　自然土壤剖面示意图

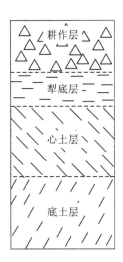

图 3-3　旱地耕作土壤剖面示意图

（4）底土层：位于心土层以下的土层，一般在地表以下 50 cm。

（三）水田土壤剖面

水田土壤剖面一般分为以下五个层次。

（1）耕作层：通常厚 12～18 cm，多锈斑。

（2）犁底层：厚约 10 cm，青灰色，也多锈斑，可防止水分渗漏过快。

（3）渗育层：受灌溉水浸润或淋洗影响而形成的层次，厚 10～20 cm，颜色灰白，夹有少量锈纹、锈斑或铁结核。

（4）潴育层：受水分浸润，含铁矿物水化而显黄色和灰色的层次，有大量的锈纹、锈斑或铁锰结核。

（5）潜育层：通透性不良、还原性物质积聚的层次。

二、我国主要农业区土壤

（一）我国土壤资源的特点

我国的土壤资源综合起来有以下特点。

（1）土壤类型多。我国最新土壤分类系统（1995 年）将我国土壤分为 14 个土纲、39 个亚纲、141 个土类、595 个亚类，足以说明我国土壤类型之多。

（2）山地面积大。我国山地面积占国土面积的 66%。

（3）人均占有量低，低产土壤面积大。我国人均占有的耕地面积约为 0.093 4 公顷（1 公顷＝10 000 m²），是世界耕地面积平均数的 26%。耕地中存在各种障碍因素的低产田约占三分之一，这是开发中的一个不利因素。

（4）土壤资源的不合理利用。如耕地不断减少，土壤肥力减退，土壤沙化、盐渍化等土壤退化问题越来越严重。

（二）我国主要农业区土壤与植物生长

我国主要农业区土壤与植物生长如表 3-5 所示。

表 3-5　我国主要农业区土壤与植物生长

土　壤	分　布	特　点	利　用
南方红黄壤	热带、亚热带地区	质地黏重而耕性差,酸性强(pH≤5.5),易产生铝毒,氧化物矿物多,易产生磷的固定,养分贫瘠,作物生产受到限制	山地上部宜造水土保持林和用材林,山地中部宜发展油茶、茶叶、板栗等经济林,下部则宜发展农作物
黄土性土壤	黄土高原和华北地区	土层深厚、疏松,质地细匀,透水性强,耕性良好,弱碱性,含较多石灰质,但土壤结构性差,有机质含量低,养分贫瘠,易发生水土流失	一般宜种植牧草、植树造林,防治水土流失,并以种植耐旱作物为主
干旱区土壤	干旱和半干旱地区	土壤盐碱化,缺水	一般宜种草种树,防治水土流失;种植绿肥,合理轮作,采取旱耕技术;农、牧结合,适当种植耐旱作物
东北森林草原土壤	东北地区	土层深厚,有机质含量高,颜色油黑,疏松而富有团粒结构,极为肥沃	在低山丘陵区宜发展林果业,山前平原和坡地宜种植农作物,在土质瘠薄的山地则宜发展林牧业
水稻土	秦岭、淮河以南	独特的剖面特征,耕作层通常厚12～18 cm,多锈斑,犁底层青灰色,厚度仅 10 cm 左右,也多锈斑,渗育层可见明显灰色胶膜与铁锰淀积	长江中下游实行"小麦—玉米—水稻"三熟制

三、高产肥沃土壤的培育

(一) 高产肥沃土壤的特征

1. 良好的土体构造

高产肥沃的旱地土壤一般都具有"上虚下实"的土体构造。高产肥沃的水稻土一般都具有松软、肥厚的耕作层,以及既滞水又透水、发育良好的犁底层。

2. 适量协调的土壤养分

有机质含量、全氮含量、速效磷含量、速效钾含量、阳离子交换量高。

3. 良好的物理性质

肥沃的土壤一般都具有良好的物理性质。

(二) 高产肥沃土壤的培肥措施

1. 增施有机肥料,培育土壤肥力

每年向土壤中输入一定数量的有机肥料,不断更新与活化土壤腐殖质。

2. 发展旱作农业,建设灌溉农业

从农业技术方面考虑,建设灌溉农业应注意:重视灌水与其他增产措施的配合;改进灌溉技术,节约用水;保护地下水资源,防止次生盐渍化;防止次生潜育化。

3．合理轮作倒茬,用地养地结合

根据作物茬口特性,实行粮食作物与绿肥作物轮作、经济作物与绿肥作物轮作、豆科作物与粮棉作物轮作、水旱轮作等。

4．合理耕作改土,加速土壤熟化

深耕结合施用有机肥料。

5．防止土壤侵蚀,保护土壤资源

运用合理的农、林、牧、水利等综合措施,防止土壤侵蚀、土壤沙化、土壤退化、土壤污染,保护土壤资源。

四、低产土壤的改良和农业开发

（一）盐碱地的改良和利用

改良盐碱地,要采取综合治理措施,以水利为基础,以改土培肥为中心,改良与利用相结合,实行农、林、水、牧综合治理。

1．水利措施

改良盐碱地的水利措施主要有:排水降盐、灌水压盐、引洪放淤、种稻改良、蓄淡养鱼。

2．农业措施

改良盐碱地的农业措施主要有:平整土地,深耕深翻;培肥改土;选种耐盐作物,躲盐巧种;植树造林,营造农用防护林。

3．化学改良

在水利、农业改良的基础上,施用石膏、硫酸亚铁、硫黄等化学改良剂也能起到改良盐碱地的作用。

（二）障碍层土壤的改良和开发

1．紫色土

改良和开发紫色土的途径有:水土保持;合理施肥,培育土壤;因地制宜,合理利用。

2．白浆土

白浆土的主要改良措施有:深耕打破白浆层;秸秆还田,种植绿肥,补充有机质;有机-无机-生物复合施肥和多元素配方施肥;因土种植,对于草甸白浆土和潜育白浆土,种植水稻可有效发挥其土壤潜力。

3．风沙土

改良利用风沙土的基本途径有:封沙育草,造林固沙;林果结合,大力发展果树生产;调整作物布局,发挥沙区优势;增施有机肥料,种植绿肥,秸秆还田,提高土壤肥力;引洪灌淤,客土压沙,改良土质,提高风沙土的蓄水、保肥、抗风能力。

（三）低产水稻田的改良和开发

水稻田中有许多低产田,如冷浸田、沤田、沙土田等。

1．冷浸田

根治冷浸田的途径是排除水害,可通过犁冬晒白,熏田,掺沙入泥,施用热性肥和磷肥等对冷浸田进行改良培肥。

2. 沤田

沤田的改良措施有:掺沙改善质地;增施有机肥料,翻压绿肥;适时晒垡和冻垡;适时耕作。

3. 沙土田

沙土田的主要改良措施有:沙土掺黏;加深耕层厚度,增施有机肥料;搞好农田基本建设,改善农业生产基本条件,如修塘蓄水,开辟水源,改善灌排等。

五、土壤退化的危害与防治

(一)土壤沙化与防治

1. 土壤沙化的概念

土壤沙化是指良好的土壤或可利用的土地变成含沙很多的土壤或土地,甚至变成沙漠的过程。

2. 土壤沙化的危害

土壤沙化的危害主要有:使大面积土壤失去农、牧生产能力;使大气环境恶化;造成土壤贫瘠,环境恶劣,威胁人类生存。

3. 防治途径

土壤沙化的主要防治途径有:营造防沙林带;实施生态工程;建立生态复合经营模式;合理开发水资源;完善法制,严格控制农垦。

(二)土壤流失与防治

1. 土壤流失的危害

土壤流失的危害主要有:土壤薄层化,土壤质量下降,生态环境进一步恶化。

2. 防治途径

防治土壤流失的主要途径有:树立保护土壤、保护生态环境的全民意识;选择耐旱、耐瘠薄、适应性强且生长快的树种,营造乔木林、灌木林、乔灌混交林等;土壤保持耕作法;先保护,后利用。

(三)土壤潜育化与防治

1. 土壤潜育化的概念

土壤潜育化是土壤处于地下水分饱和、过饱和,以及长期浸润状态下,在 1 m 内土体中某些层次因还原而生成灰色斑纹层(或腐泥层、青泥层、泥炭层)的过程。

2. 土壤潜育化的危害

土壤中还原性有害物质增多,土性冷,养分转化慢,不利于水稻生长。

3. 土壤潜育化的防治途径

土壤潜育化的主要防治途径有:开沟排水,消除渍害;多种经营,综合利用;合理施肥;开发、种植耐渍水稻品种。

【复习思考】

(1)改良盐碱地的农业措施有哪些?

(2)低产水稻田中,沤田的改良措施有哪些?

（3）土壤沙化的危害有哪些？如何防治？

任务 4　城市土壤认知

【任务重点】

土壤污染的主要类型，土壤污染的治理方法，土壤坚实度与园林植物的关系。

【任务难点】

土壤污染的危害，土壤污染的治理方法。

【任务内容】

自然界中的土壤是地壳表面的岩石经过长期的风化、淋溶过程逐步形成的。土壤由矿物质、有机质、水分、土壤生物和空气组成，是地球上陆生植物立地和生长发育的基础。城市土壤由于深受人类各种活动的影响，其物理、化学和生物学特性都与自然状态下的土壤有较大差异。

一、土壤污染

（一）土壤污染的定义

当土壤中的有害物质含量过高，超过土壤的自净能力时，会导致土壤自然功能失调，肥力下降，影响植物的生长和发育，或污染物在植物体内积累，通过食物链危害人类健康，这些危害均可称为土壤污染。

（二）土壤污染的类型

据土壤污染物的来源及污染途径可将土壤污染的类型分为以下几种：水质污染型、大气污染型、固体废物污染型、生产污染型等、综合污染型。

1. 水质污染型

水质污染型的土壤污染源主要是工业废水、城市生活污水和受污染的地面水；污染途径主要为污水灌溉和污水的直接排放、渗漏；污染物种类复杂，如重金属、酸、碱、盐及有机物等。

2. 大气污染型

大气污染型的土壤污染可表现在很多方面，但以大气酸沉降（酸雨）、工业飘尘（散落物）及汽车尾气等最为普遍。

3. 固体废弃物污染型

固体废弃物包括工矿业废渣、城市垃圾（建筑垃圾、生活垃圾）和污泥，固体废弃物的种类和数量已成为城市土壤分类的依据之一。

城市固体废弃物就地填埋，土壤的自然层次被破坏；砖瓦、煤灰渣、玻璃、塑料、石灰、水泥、沥青等混入土壤，极大地改变了自然土壤的特性；各种地下构筑物如热力、煤气、排污管道等，严重地破坏了土壤的物理性状；富含有机质的表土在城市土壤中大都不复存在。

4. 生产污染型

生产污染型的土壤污染是指化肥、农药的使用不当导致的土壤污染。化肥既是植物生长所必需的营养元素供给源，又是日益增长的环境污染因子。化肥中常含有不等量的副成

分，如重金属元素、有毒的有机化合物及放射性物质等。长期施用化肥，化肥中的副成分会在土壤中积累，产生土壤污染。

5. 综合污染型

在实际生活中，土壤污染的发生往往是多源性的。同一区域受污染的土壤，污染源可能来自废水污灌、大气酸沉降、工业飘尘、垃圾或污泥堆肥，以及农药、化肥等。土壤污染经常是综合性的。

二、土壤污染的治理

土壤污染与大气污染、水污染不同。土壤中的污染物许多被土壤胶体吸附，运动速度非常缓慢，特别是化学性质稳定的污染物（如重金属）可在土壤中不断积累，达到很高的浓度。

土壤污染的治理相当困难，主要方法有排土与客土改良，施用化学改良剂，生物改良等。

（一）排土与客土改良

排土与客土改良要点如下。

（1）挖去污染土层，用清洁土壤改造污染土壤，效果好，但投入大。

（2）要求客土有良好的土壤结构，疏松、中性或弱酸、弱碱性，有机质、有效养分丰富，适宜植物生长发育。注意客土不要被污染，避免毁坏农田和郊区的重要景观。

（3）大面积土壤每次填至厚约 10 cm 时，需要用 2 t 重的滚压机适当压实，注意土壤不能过湿，平整地面后即可栽植园林植物。

（二）施用化学改良剂

施用化学改良剂可使重金属成为难溶性化学物质，减少危害。

（1）在被镉污染的土壤中，每公顷施用石灰 1.8～2.0 t，中和土壤的酸性，使镉沉淀下来而不易被植物吸收。

（2）镉、铜、铅等在土壤嫌气条件下易生成硫化物沉淀，灌水并施用适量硫化钠可获得较好的改良效果。

（三）生物改良

栽种对重金属元素有较强富集能力的植物，使土壤中重金属转移到植物体内，然后对植物集中进行处理。

（1）一些蔗类植物对许多重金属都有极强的吸附能力，植株体内的重金属含量可达土壤中的几倍甚至十几倍。

（2）一些木本植物也对重金属有较强的抗性和富集能力，如加拿大杨对镉具有富集作用。

生物改良是一种环境上较为安全、有效的方法，又称为植物修复技术，近年来开始受到重视。生物改良包括利用植物固定或修复重金属污染的土壤，净化水体和空气，清除放射性核元素和利用植物及其根际微生物共存体系净化环境中的有机污染物等。

三、土壤坚实度

土壤坚实度是一个重要的土壤物理特性指标，可用单位体积或面积土壤所能承受的重量（土壤硬度）或单位体积自然干燥土壤的重量（土壤容重）等参数表示。

在城市地区，由于人流的践踏和车辆的辗压，土壤的坚实度明显大于郊区土壤，一般愈靠近地表,土壤坚实度愈大。

土壤坚实度增大时,空隙度相应减小,通气性下降,导致土壤中氧气含量严重不足,抑制树木根系的呼吸作用,严重时还会导致根组织窒息死亡。土壤坚实度增大时,机械阻抗增大,会妨碍树木根系的延伸,导致树木根系明显减少。土壤容重越小,土壤越疏松,土壤坚实度越低。

城市土壤坚实度大,会限制根系生长,使不少深根树种变为浅根生长,根量明显减少,这一方面会减少根系的有效吸收面积,使树木生长不良,另一方面会使树木稳定性减小,易受大风危害被刮倒。坚实度大的土壤保水、透水性能差,降雨时下渗水减少,地表径流增大。坚实度大的土壤中,微生物较少,有机质分解减慢,有效养分较少。

为减少土壤坚实度对城市植物生长的不良影响,可通过往土壤中掺入碎树枝、腐叶土等,或混入适量的粗沙改善通气状况;也可在根系分布范围内的地面设置围栏,种植绿篱或铺设透气砖等以防止践踏。

四、土壤贫瘠化

市区内植物的枯枝落叶常作为垃圾被清除运走,使土壤营养元素循环中断,同时又降低了土壤有机质含量。

行道树周围常用混凝土、沥青等封闭地面,使土壤中缺乏氧气,不利于土壤中有机物质的分解,减少了养分的释放,这也是土壤缺乏养分的一个原因。

【复习思考】

(1) 城市土壤污染的种类有哪些?

(2) 城市土壤污染的治理方法有哪些?

任务 5　土壤样品采集与制备

【任务目标】

土壤样品的采集是土壤分析工作中一个重要的环节,是关系到分析结果和由此得出的结论是否正确、可靠的一个先决条件。为使分析的少量样品能反映一定范围内土壤的真实情况,必须正确采集与处理土样。通过实验,使学生掌握正确的采集与处理土壤样品的方法。

【任务仪器与用具】

土钻、手铲、铁锹、铅笔、标签、直尺、记录本、布土袋、塑料袋、晾土盘、塑料布(50 cm×60 cm)、硬质木棍、广口瓶、镊子、角勺、托盘天平、土筛(2 mm、1 mm、0.25 mm、0.1 mm)。

【任务实施】

一、采样点的分布方法

采样点的分布方法有以下几种。

(1) 对角线法:适用于地形平坦,采样面积较小,土壤肥力较均匀的长方形田块。

(2) 棋盘式:适用于地形较平,采样面积较大,土壤肥力不均匀的长条状田块。

（3）S形（"之"字形）采样法：适用于地形不平坦，采样面积较大，地形多变的地块。

采样时切忌在粪堆、坟头、渠旁、田边、废渠、路旁、场院、新填土坑、新平整地段、挖方地等处布点。

二、土壤样品的采集

1. 土壤剖面样品的采集

在研究土壤发生层分类和剖面理化性状时，常按土壤剖面的发生层采样，先挖好 1 m × 1.5 m（或 1 m × 2 m）的土壤剖面，然后根据土壤剖面的颜色、结构、质地、松紧度、湿度、植物根系分布等自上而下划分层次进行观察记载，观察记载后，在发生层的典型部位采集样品。

为了避免上下层混杂，应自下而上逐层采集土壤样品，分层装袋，每袋土重约 1 kg，填好标签，土袋内、外各挂一个，该土样备作常规分析用。

2. 土壤物理性质样品的采集

若进行土壤物理性质的测定，须采集原状样品。如测定土壤容重、孔隙度，其样品可直接用环刀在各层土层中取样。对研究土壤结构性的样品，采集时须注意土壤湿度不宜过干、过湿，最好在不粘铲的情况下采取。在采集过程中必须保证土块不受挤压，不使样品变形，保留原状土样，然后携带回室内进行处理。

3. 土壤盐分动态样品的采集

在研究盐分动状态变化时应定位、定点、定期取样，上密下稀，但取样层次厚度不得超过 50 cm，通常为 0～5 cm、5～10 cm、10～20 cm、20～40 cm、40～60 cm、60～100 cm、100～150 cm。

在研究作物耐盐能力时，应紧靠作物根系钻取土样，其深度应考虑作物根系活动层及盐分在土体中的分布情况，一般应按 0～2 cm、2～5 cm、5～10 cm、10～20 cm、20～40 cm、40～60 cm 取样，在作物的各个生育期分次采样。

4. 混合土样的采集

为了解某地区或地块耕地土壤的肥力状况，需要采集混合土样。应在施肥前或收获后一星期，土壤养分变动比较小，相对稳定时进行采样。大约每 30～50 亩（1 亩≈667 m²）面积可采一个土样，每个土样至少采九个样点（一般采奇数点）。每个样点的取土深度、重量要尽量保持均匀一致，上下层的比例大致相同，采样器应垂直于地面入土，深度一般为 0～20 cm、20～40 cm。每个土壤样品约取 1 kg 装入布土袋中，用钢笔写标签，注明采集地点、日期、编号、土类名称、采样者姓名等，土袋内、外各挂一个标签。

5. 养分动态土样的采集

可根据研究养分动态问题的要求进行布点取样，如研究条施磷肥的水平方向移动距离时，可以施肥沟为中心，在沟的一侧或两侧按水平方向每隔一定距离、同一深度所取的相应同位土样进行多点混合。同样，在研究氮肥的垂直方向移动时，应以施肥层为起点，向下每隔一定距离、深度取样，将不同样点、相同深度采集的土样混合成混合土样。

6. 其他特殊样品的采集

测定土壤微量元素的土样采集，采样工具要用不锈钢土钻、土刀、塑料布、塑料袋等，忌用报纸包土样，以防污染。

三、土壤样品的处理

1. 样品的风干

采回的土样放在木板或塑料布上摊成薄层,标签压在土下,置于室内阴凉、干燥、通风处风干。风干时要经常翻动,捏碎大块,同时挑出石粒、砖块、植物根等非土部分和新生体。切忌阳光下直接曝晒,防止灰尘、酸碱等污染。

2. 研磨过筛

取适量风干土样平铺在木板或塑料板上,用木棒辗碎过筛。过筛时先通过 2 mm 孔径筛,未通过 2 mm 筛孔的如石砾、新生体等应称重,计算其所占土样总重量的百分数,超过 5% 者,应作为石质土分类的依据。

将剩余的土样通过 2 mm 筛孔的土样继续压碎,使之完全通过 1 mm 筛孔,充分混匀后,用四分法分取三分之二装入 250 mL 广口瓶中(或牛皮纸装、塑料袋中),贴好标签(注明土样编号、采集地点、土壤名称、采样深度、筛孔、采样人和采样日期),放在样品架上,尽量避免日光、高温、潮湿、酸碱等影响,备作测定 pH 值、交换量、速效养分含量、全盐量等用。

将剩余三分之一土样继续研磨,使之全部通过 0.25 mm 筛孔,混匀后装入 100 mL 广口瓶(或牛皮纸、塑料袋)中,备作分析全量养分、有机质用。

【任务报告】

在当地进行土壤样品的采集与制备,并完成报告。

【任务小结】

总结学生实验情况,指出实验应重点注意的地方,增强学生的实验动手能力。

任务 6　野外土壤质地的鉴定

【任务目标】

土壤质地对土壤的理化性质、肥力因素、植物生长及微生物活动等都有巨大影响。因此,了解土壤矿物质颗粒的组成并确定土壤质地,在农业生产上具有重要意义。

通过该野外鉴定,学习利用手和眼的感觉对土壤质地的简易测定。

【任务原理】

根据土壤的物理机械特性——黏结性和可塑性表现的程度来进行土壤质地的简易测定。

【任务仪器与用具】

土钻、手铲、铁锹、铅笔、标签、直尺、记录本、布土袋、塑料袋、晾土盘。

【任务实施】

任务实施步骤如下。

(1)将土块完全捏碎到没有结构,取一部分放在手掌中捏时能感受到均匀、柔软的感觉或某种粗糙的感觉。

(2)将土壤用水浸湿,加水时要逐渐、少量地加入,用手指将湿土调匀,拌水过多或未充分湿润的土样均不适用,所加水量要恰以土壤和匀后不粘手为宜。当土团具有可塑性时,将

土团尽量做成小球,搓成土条,并将土条弯曲成土环,以确定土壤的质地。田间土壤质地鉴定标准如表3-6所示。

表 3-6 田间土壤质地鉴定标准

质地名称	土壤干燥状态	干土用手研磨时的感觉	湿润土用手指搓捏时的成形性	放大镜或肉眼观察
沙土	散碎	几乎全是沙粒,极粗糙	不成细条,亦不成球,搓时土粒自散于手中	主要为沙粒
沙壤土	疏松	沙粒占优势,有少许粉粒	能成土球,不能成条(破碎为大小不同的碎段)	沙粒为主,杂有粉粒
轻壤土	稍紧,易压碎	粗细不一的粉末,粗的较多,粗糙	略有可塑性,可搓成粗 3 mm 的小土条,但水平拿起易碎断	主要为粉粒
中壤土	紧密,用力方可压碎	粗细不一的粉末,稍感粗糙	有可塑性,可成 3 mm 的小土条,但弯曲成 2~3 cm 小圈时出现裂纹	主要为粉粒
重壤土	更紧密,用手不能压碎	粗细不一的粉末,细的较多,略有粗糙感	可塑性明显,可搓成 1~2 mm 的小土条,能弯曲成直径为 2 cm 的小圈而无裂纹,压扁时有裂纹	主要为粉粒,杂有黏粒
黏土	很紧密,不易敲碎	细而均一的粉末,有滑感	可塑性、黏结性均强,搓成 1~2 mm 的土条,弯成的小圆圈压扁时无裂纹	主要为黏粒

【任务报告】

在当地进行野外土壤质地的鉴定,并完成报告。

【任务小结】

总结学生实验情况,考查学生技术操作是否规范,实验内容是否掌握。

项目 4 植物生长水环境调控

【项目目标】

掌握水对植物的生理作用,植物吸水的原理,根系吸水的动力和蒸腾作用的概念及生理意义,土壤水分的类型及有效性。了解降水、空气湿度的表示方法,影响根系吸水的主要因素,提高水分利用率的途径。

【项目说明】

大气中的水、热相互作用,产生变化万千的气候特征,使地球表面水的分布极不均衡。水量的多少直接影响植物的生存与分布,同时植物也以各种各样的方式适应着不同的水环境。

任务 1 植物对水分的吸收

【任务重点】

水分对植物的生理作用,植物细胞与根系对水分的吸收。

【任务难点】

影响根系吸水的主要因素。

【任务内容】

一、植物对水分的吸收概述

水是生命起源的先决条件,没有水就没有生命,人们常说"水利是农业的命脉"。

（一）植物的含水量

（1）不同植物的含水量不同,一般植物组织含水量占鲜重的 $75\%\sim90\%$,木本植物含水量低于草本植物含水量,陆生植物含水量低于水生植物含水量。

（2）同一种植物生活在不同环境中,其含水量也不同,有干旱与适宜之分。

（3）同一株植物中,不同器官和不同组织的含水量也不相同。

（二）植物体内水分存在的状态

水分子具有特殊的物理化学结构,一个 O 原子和两个 H 原子以 V 字形结合,电子云更多偏向 O 原子,所以水分子有极性。水分子与水分子通过氢键连接在一起。水分在植物组织和细胞中通常以束缚水和自由水两种状态存在。束缚水是指比较牢固地被细胞中胶体颗粒吸附而不易自由流动的水分;自由水是指距离胶体颗粒较远而可以自由移动的水分。

自由水参与植物体内的各种代谢过程,它的含量制约着植物的代谢强度;束缚水则与植物的抗性大小有密切的关系,束缚水含量越高,植物的抗逆性(如抗寒性、抗旱性等)越强,束缚水含量越低,则植物抗逆性就越差。

自由水含量高时,胶体呈现溶液状态,这种状态的胶体称为溶胶;自由水含量低时,胶体便失去流动性而凝结为近似固体的状态,这种状态的胶体称为凝胶。

（三）水分在植物生命活动中的作用

水是原生质的主要成分,是某些代谢过程的反应物质,是植物体进行代谢过程的介质,能使植物保持固有的姿态,还可调节植物体的温度。

二、植物细胞对水分的吸收

植物细胞吸水主要有三种方式:扩散、集流和渗透作用。最后一种方式是前两种方式的结合,在细胞吸水中占主要地位。植物细胞的吸水方式也可分为吸胀性吸水(未形成液泡之前细胞的吸水方式)和渗透性吸水(液泡出现以后细胞的吸水方式)。

（一）扩散

扩散是指物质分子从高浓度(高化学势)区域向低浓度(低化学势)区域转移,直到均匀分布的现象。扩散速度与物质的浓度梯度成正比。扩散适合水分的短距离移动。

（二）集流

集流是指液体中成群的原子或分子在压力梯度作用下共同移动的现象。水分在植物细胞膜系统内移动的途径有两种:一种是单个水分子通过膜脂双分子层的间隙进入细胞,另一种是水集流通过质膜上水孔蛋白中的水通道进入细胞。

1. 水孔蛋白的定义

水孔蛋白又称为水通道蛋白,植物细胞的水通道是由位于膜中的分子量在 $25\sim30$ kD 的通道蛋白组成的,这种通道蛋白具有选择性地高效运转水分子的功能,故称水孔蛋白。

2. 水孔蛋白的功能

水孔蛋白的嵌入使生物膜上形成了水的通道,因而大大提高了生物膜对水的通透能力。此外,通过改变水孔蛋白的活性,可以在很大程度上快速而灵活地调节水分子的跨膜运转。

3. 水分子运转的调节机理

快速调节水分子运转的一个重要方式是水孔蛋白的磷酸化。

4. 水孔蛋白的生理意义

水孔蛋白的发现及其功能的确定,对于研究植物与水分的关系,研究水孔蛋白在植物水分利用方面的作用都有重要意义。

三、细胞的渗透性吸水

（一）自由能和水势

1. 自由能

自由能是指在温度恒定的条件下可以用于做有用功的能量。

2. 束缚能

束缚能是指不能用于做功的能量。

3. 化学势

每一摩尔任何物质的自由能称为该物质的化学势。

4. 水的化学势

水的化学势是指每一摩尔水具有的自由能,是对水中能够用于做功的能量的度量。但是,在植物生理学中,一般并不以水的化学势的大小来指示水分运动的方向和限度,而是以水势的大小来指示的。

5. 水势

水势是指任一体系中水的化学势和纯水的化学势之差,以 φ_w 表示。

6. 水的偏摩尔体积

水的偏摩尔体积是指在温度、压强和其他组成不变的条件下,在无限大的体系中加入 1 摩尔水时,对体系体积的增量。

由于纯水的自由能最大,所以水势也最高。由于水势的绝对值不易测得,故人为地将标准状况下(1 个大气压下,引力场为 0,与体系同温度)纯水的水势规定为 0;而溶液水势与纯水水势相比较,由于溶液中的溶质颗粒降低了水的自由能,因而溶液水势低于纯水水势,为负值。溶液浓度越大,水势越低。

(二)渗透作用

1. 渗透系统

当两个不同浓度的溶液被一个分别透性膜(选择透性膜)隔开,则分别透性膜及其两边的溶液所组成的系统称为渗透系统。

2. 渗透作用的定义

在一个渗透系统中,水分子从水势高的溶液通过分别透性膜向水势低的溶液移动的现象,称为渗透作用。

(三)植物细胞是一个渗透系统

植物细胞的质膜和液泡膜都是选择透性膜,因此可以将原生质层(包括质膜、细胞质和液泡膜)当作一个选择透性膜来看待,液泡内含有一定数量的可溶性物质,具有一定的水势。这样,细胞液、细胞原生质层和环境中的溶液之间就会发生渗透作用。所以,一个具有液泡的植物细胞,与周围溶液一起,可构成一个渗透系统。

(四)细胞的水势

一个典型的植物细胞的水势由三部分组成。

1. 渗透势

渗透势又称为溶质势(φ_s),由于溶质颗粒的存在而引起的那部分纯自由水水势的降低值,负值,溶质颗粒越多,溶液浓度越大,φ_s 越低。

由于纯水的水势为 0,而溶液的水势又低于纯水的水势,所以溶液的溶质势为负值。溶质势反映了溶液中水分潜在的渗透能力的大小,因此又称为渗透势。

2. 压力势

压力势(φ_p),指外界压力影响体系水势变化的势值,或由于外界压力的作用而使细胞水势发生的变化值。

3. 衬质势

衬质势(φ_m),由于细胞胶体物质亲水性和毛细管对自由水的束缚而引起的水势降低值。

衬质势的大小取决于亲水胶体的多少,以及毛细管的多少和水合度的高低。

亲水胶体丰富、毛细管很多、水合度却很低的植物细胞的衬质势常常很低,如苍耳种子的 φ_m 接近$-100\ MPa$,故其具有很强的吸水力。

4. 细胞间水分的移动

相邻两细胞的水分移动取决于两细胞间的水势差($\Delta\varphi_w$)。水势高的细胞中的水分向水势低的细胞方向移动。

当有多个细胞连在一起时,如果一端的细胞水势较高,另一端水势较低,顺次下降,形成一个水势梯度,那么水分便从水势高的一端流向水势低的一端。植物器官之间水分流动的方向就是遵循的这个规律。

四、细胞的吸胀吸水

细胞的吸胀吸水是指未液泡化细胞的吸水。亲水胶体吸水膨胀的现象称为吸胀作用。吸胀作用的大小取决于衬质势的高低,细胞在形成液泡之前的吸水主要靠吸胀吸水。

五、植物根系对水分的吸收

(一)根系吸水的部位

根系的吸水主要在根尖进行,根尖的根毛区是植物根系吸水能力最强的部位,原因如下:根毛多,增大了吸收面积;细胞壁外层由果胶质覆盖,黏性较强,有利于和土壤胶体黏着和吸水;输导组织发达,水分子转移的速度快。由于植物吸水主要靠根尖,因此,在移栽时尽量保留细根,就会减轻移栽后植株的萎蔫程度。

(二)根系吸水的途径

根据原生质的有无可将根部分为质外体和共质体两部分。

1. 质外体

质外体(又称外植体、无质体)是指根系无原生质的部分。由根内所有自由空间组成,主要包括细胞壁、细胞间隙和木质部的导管等,它是植物体中"死"的部分,水分子和溶质分子可以在其中自由通过。但质外体是不连续的,由于内皮层凯氏带的存在,质外体被分为了内皮层以内和内皮层以外两个区域。

内皮层上有围着细胞壁的凯氏带,它是由木栓(化)和木质(化)构成的带状增层物,环绕着内皮层细胞的左右和上下(径向壁和横壁),且与细胞壁牢固结合,没有空间,水和溶质只能通过细胞质进入中柱,所以内皮层在根部吸水过程中具有控制水分运转的功能。

2. 共质体

共质体是指所有活细胞里原生质部分被胞间连丝连成的一个连续的体系,故共质体包括所有细胞的细胞质,它是有生命的部分。

水分子在从表皮向内皮层迁移及从内皮层向导管迁移的过程中,均可通过三条途径。

(1)质外体途径。水分子完全通过细胞壁和细胞间隙移动,不越过任何膜。水分子移动阻力小,速度慢。

(2)共质体途径。水分子通过胞间连丝依次从一个细胞进入另一个细胞。

(3)越膜途径。水分子从一个细胞的一端进入,从另一端流出,并进入第二个细胞,依次进行下去。在此过程中,水分子每通过一个细胞,至少要两次越过膜,即进、出细胞时两次越膜,也有可能还要通过液泡膜。共质体途径和越膜途径统称为细胞途径。

由此可见,水分子在根中的径向移动是一个复杂的过程。为简便起见,可以将根毛到根木质部的整个途径看作只是一层膜,对于水分子的移动也只有单一的阻力。实际上,根的整个行为也类似于一层具有选择透性的膜。

土壤溶液中的水分子和离子可以沿着质外体向内扩散,到达内皮层时,由于凯氏带的存在而阻碍了水分子和离子的通过,但其中的离子可以通过主动转运进入内皮层细胞原生质中,即进入共质体中,最后进入内皮层以内的质外体,直至木质部导管。离子进入导管后,离子浓度增大,水势降低;内皮层以外质外体(皮层)离子浓度下降,水势升高,这样就形成了一个水势差,于是水分子经过内皮层(通过渗透作用)而进入中柱导管,水分子进入中柱导管后就产生了一种静水压力,即根压,于是水分子又会沿木质部导管上升。

(三)根系吸水的动力

根系吸水的动力有两种:根压和蒸腾拉力。

1.根压

根压是根系与外液水势差的表现和度量。植物根系可以利用呼吸作用释放的能量主动将土壤溶液中的离子吸收转运到根的木质部导管中,使导管溶液的浓度升高,这样导管溶液的渗透势便降低,当低于土壤的水势时,土壤中的水分子便顺水势梯度通过渗透作用进入导管。与此同时,导管内的水分子也向导管外部移动,但由于进入的水分子多于移出的水分子,于是产生了由外向内的压力差,这就是根压。

根压的大小取决于导管与土壤的水势差,导管水势与土壤水势之比越低,则产生的根压就越大。根压可高达 0.5 MPa,但通常低于 0.2 MPa。

2.蒸腾拉力

蒸腾拉力是指叶组织与茎导管之间的水势差。当叶片进行蒸腾作用时,气孔下腔附近的叶肉细胞因蒸腾作用失水而导致水势下降,因而从邻近细胞吸水,邻近细胞又从其毗邻细胞吸水,顺次传递,直到从导管吸水,然后又促使根系从土壤中吸水,好似存在一种拉力,将水从根部拉到叶片。这种因叶片蒸腾作用而产生的一系列水势梯度使导管中水分上升的力量,称为蒸腾拉力。蒸腾拉力是根系被动吸水的动力。

(四)影响根系吸水的外界条件

土壤温度(简称土温)、土壤中的水分状况、土壤的通气状况及土壤溶液浓度均对根系的吸水有影响。

1.土壤温度

在适宜的温度条件下,一般土温与水温越高,根系吸水越多,土温降低则根系吸水减少。

1)土温低使根系吸水下降

土温低使根系吸水下降的原因有:水黏度增加,扩散速率降低;根系呼吸速率下降,主动吸水减弱;根系生长缓慢,有碍吸水面积的扩大。

2)土温过高对根系吸水不利

土温过高对根系吸水不利的原因有:根的木质化程度提高,老化加速,根细胞中各种酶蛋白变性失活。

喜温植物和生长旺盛的根系的吸水易受低温影响,特别是骤然降温,如在烈日下用冷水浇灌,就会对根系吸水不利——"午不浇园"。

2．土壤中的水分状况

土壤中的水分对植物来说并不是都能利用的。

（1）有效水。能被植物吸收的水分称为有效水。

（2）无效水。不能被植物吸收的水分称为无效水。

3．土壤的通气状况

土壤若通气不良则会使根系吸水量减少。这是由于土壤中 O_2 缺乏，CO_2 浓度过高的缘故。短期缺 O_2 和高 CO_2 环境，会使细胞呼吸减弱，影响主动吸水；时间较长后，细胞便开始进行无氧呼吸，产生和积累较多的乙醇（酒精），使根系中毒受伤，吸水更少。

4．土壤溶液浓度

通常土壤溶液浓度较低，水势较高，根系易于吸水。但在盐碱地中，水中的盐分浓度高，水势低（有时低于－10 MPa），作物根系吸水困难。在栽培管理中，如施用肥料过多或过于集中，也会使土壤溶液浓度骤然升高，水势下降，阻碍根系吸水，甚至还会导致根细胞水分外流，而发生"烧苗"现象。

【复习思考】

（1）植物细胞吸水的方式有哪些？有什么主要区别？

（2）简述水分对植物的生理作用。

任务 2　植物的蒸腾作用

【任务重点】

蒸腾作用的概念及生理意义，影响蒸腾作用的内外条件，合理灌溉的生理基础。

【任务难点】

影响蒸腾作用的内外条件。

【任务内容】

一、蒸腾作用的概念、意义和指标

植物吸收的水分只有一小部分（1％～5％）用于代谢，绝大部分都散失到体外去了。水分从植物体中散失到外界的方式有两种：吐水和蒸腾。

（一）蒸腾作用的概念

1．概念

蒸腾作用是指水分以气体状态通过植物体的表面，从体内散失到体外的现象。

2．蒸腾部位

植物幼小时，暴露在地面上的全部表面都能进行蒸腾；植物长大后，主要在叶片上进行蒸腾。茎枝上的皮孔也可以进行蒸腾，但蒸腾量非常小，约占全部蒸腾量的 0.1％。

（二）蒸腾作用的生理意义

通过蒸腾作用，土壤—植物—大气系统会形成一个水势差，而这个水势差是植物吸收水分和运输水分的动力。蒸腾作用有利于矿质盐类和有机物的吸收，以及其在植物体内的传导和分布。蒸腾作用还能够降低植物体和叶片的温度。

（三）蒸腾作用的表示方法（或指标）

蒸腾作用的强弱是植物水分代谢的一个重要生理指标。常用的蒸腾作用的量的表示法有三种。

1. 蒸腾速率或蒸腾强度

植物在一定时间内单位叶面积蒸发的水量，单位为 $g \cdot dm^{-2} \cdot h^{-1}$，也可以叶重量（干重或鲜重）来表示，单位为 $g \cdot g^{-1} \cdot h^{-1}$。

2. 蒸腾比率或蒸腾效率

植物每消耗 1 kg 水所形成的干物质克数。

3. 蒸腾系数或需水量

植物制造 1 g 干物质所需（或消耗）水分的克数。

二、气孔蒸腾

气孔是植物叶子与外界发生气体交换的主要通道，因而影响着蒸腾、光合和呼吸等过程，掌握其运动规律就能调节植物的蒸腾作用和光合作用。

（一）气孔的大小、数目和分布

气孔是植物叶表皮组织上由两个保卫细胞包围形成的小孔，一般长 7～40 μm，宽 3～20 μm，多分布于叶片的上、下表皮，双子叶植物气孔主要分布于下表皮。

（二）气孔扩散的边缘效应

气体通过多孔表面扩散的速率不与小孔的面积成正比，而与小孔的周长成正比。这就是气孔扩散的边缘效应或小孔律。

气体通过小孔的扩散速率不与孔的面积成正比，因此，小孔扩散也称为周长扩散。叶子上的气孔是很小的孔，正符合小孔扩散规律，所以在叶片上水蒸气通过气孔的扩散速率要比同面积的自由水表面的蒸发速率快得多。

（三）气孔运动

1. 保卫细胞的特点

保卫细胞具有不均匀加厚的细胞壁；保卫细胞具有叶绿体，能进行光合作用。

2. 气孔运动的原因

引起气孔运动的原因主要是保卫细胞的吸水膨胀或失水收缩。因此，气孔运动又称为膨压运动。

气孔运动与保卫细胞内、外壁厚薄不均匀有关，但最根本的结构基础是保卫细胞中径向排列的微纤丝，这些微纤丝以气孔口为中心，呈辐射状径向排列，由于这些微纤丝难以伸长，所以限制了保卫细胞沿短轴方向直径的增大。

双子叶植物保卫细胞吸水膨胀时，所有的细胞壁都受到来自细胞内部的、与细胞壁垂直的、指向细胞外部的压力。外壁在压力作用下沿纵轴方向伸展，表面积增大，同时有向外扩展的趋势，但由于微纤丝的限制，使外壁向外的扩展受到抑制，这时作用在外壁上的向外的压力通过微纤丝传递到内壁，成为作用于内壁的、指向气孔口外方的拉力。内壁同时受到指向气孔口的压力和背离气孔口的拉力。由于通过相同微纤丝联系的外壁的表面积大于内壁

的表面积,这样前者受到的总压力就大于后者受到的总压力,而通过微纤丝的传递,就使得内壁受到的拉力大于压力,于是内壁被拉离气孔口,气孔张开。

在单子叶植物(哑铃形)保卫细胞的细胞壁上也存在径向排列的微纤丝,当保卫细胞吸水膨胀时,微纤丝限制了细胞纵向伸长,细胞两端的薄壁区横向膨大,这就将两个保卫细胞的中间(部)推离开,于是气孔张开;当保卫细胞失水时,则会发生相反的过程。所以,气孔的开、闭就是保卫细胞的特殊结构和膨压的变化所引起的。

(四)气孔运动的调控

气孔运动的调控主要包括内源节律对气孔运动的调控、植物激素对气孔运动的调控、环境因子对气孔运动的调控。

三、影响蒸腾作用的内外条件

植物体内水分通过气孔进行蒸腾的过程分两步进行:首先是水分从湿润的细胞壁蒸发到细胞间隙的内部空腔;然后是水蒸气从这些内部空腔通过气孔下腔和气孔扩散到叶面的扩散层,再由扩散层扩散到空气中去。

蒸腾速率取决于水蒸气向外扩散的力量和扩散途径的阻力。蒸腾速率与叶内、外蒸汽压差成正比,与扩散途径的阻力成反比。凡是影响这些条件的因素均会影响蒸腾速率。

(一)内部因素对蒸腾作用的影响

影响蒸腾作用的内部因素有:叶片内表面面积(即叶片内部面积,指内部暴露的面积或细胞间隙的面积)、气孔下腔(即气室)的容积、气孔频度、气孔的大小、气孔开度、气孔的特殊构造等。

(二)外界条件对蒸腾作用的影响

1. 光照

光照对蒸腾作用的影响首先是引起气孔开放,其次是提高叶片和大气温度,增加叶内、外蒸汽压差,加速蒸腾作用。

2. 相对湿度

当空气相对湿度增大时,空气蒸汽压也增大,叶内外蒸汽压差就减小,蒸腾变慢。所以空气相对湿度直接影响蒸腾速率。

3. 湿度

当相对湿度相同时,湿度越高,蒸汽压越大;当湿度相同时,相对湿度越大,蒸汽压就越大。由于叶片气孔下腔的相对湿度和温度原来都比空气高,所以当大气温度升高时,气孔下腔蒸汽压的增加大于空气蒸汽压的增加,所以叶内、外的蒸汽压差加大,有利于水分从叶内逸出,使蒸腾加强。

4. 风

微风促进蒸腾,强风则会抑制蒸腾。

(三)减慢蒸腾速率的途径

减慢蒸腾速率的途径主要有以下几种:减少蒸腾面积,尽量避免促进蒸腾的外界条件,使用抗蒸腾剂等。抗蒸腾剂有代谢型抗蒸腾剂、薄膜型抗蒸腾剂、反射型抗蒸腾剂。

四、植物体内水分的运输

（一）水分运输的途径

水分运输的途径如下：土壤中的水分—根毛—根的皮层、内皮层—根的中柱鞘、中柱薄壁细胞—根的导管—茎的导管—叶柄导管—叶脉导管—叶肉细胞—叶肉细胞间隙—气孔内室(气室)—气孔—空气。

由此可见，土壤、植物、空气三者之间水分是具有连续性的，故这个系统又称为土壤—植物—空气连续系统。

水分在植物体内的运输可分为细胞外运输与细胞内运输两种途径：细胞外运输主要存在于根部；细胞内运输在根、茎、叶等部位都存在。细胞内运输又可分为两种：第一种是经过活细胞的短距离运输；第二种是经过死细胞的长距离运输，包括根、茎、枝、叶的导管和管胞。

（二）水分运输的动力——水势差

水势差的存在是水分在植物体内运输的驱动力。

我们可以把根、茎、叶导管内的液泡看作是一个连续的水柱，水柱的上端与叶片的薄壁细胞相连接(好像是上端悬挂在叶肉细胞上)，下端被根系的活细胞所包围。因此，水分沿导管和管胞上升的动力具体来说有两种，即上端为蒸腾拉力，下端为根压。

（三）水分运输的速度

水分在活细胞内流动慢，在 1 个大气压下，每小时水分经过原生质的距离只有 1×10^{-3} cm，即水分运输速度为 1×10^{-3} cm·h^{-1}。

水分在死细胞内流动快，在 1 个大气压下，每小时可达 3～45 m，即水分运输速度为 3～45 m/h。

五、合理灌溉的生理基础

合理灌溉的目的或基本任务就是用最少量的水取得最大的效果。

（一）作物的需水规律

1. 作物的需水量(即蒸腾系数)

作物的需水量因作物的种类而异。一般 C3 植物的需水量较 C4 植物的大。

2. 在作物一生中，各个生育期需水量不同

1）植物的水分临界期

植物的水分临界期是指植物对水分不足特别敏感的时期。一般说来，作物一生中常有一个或两个以上水分临界期。例如，小麦一生中就有两个水分临界期，第一个是分蘖末期——抽穗期；第二个是开始灌浆期——乳熟末期。各种作物的水分临界期也大都在转向生殖生长的阶段。

2）植物的最大需水期

植物的最大需水期是指植物生活周期中需水量最多的时期。如小麦最大需水期为开始灌浆期到乳熟末期。这个时间段，营养物质从母体运往籽粒。

3. 生理需水

生理需水是指直接用于植物生命活动和保持植物体内水分平衡所需要的水，可分为组

成水与消耗水。组成水包括:参与原生质、生物膜和细胞壁组成的水,参与光合作用、呼吸作用、有机物质合成与分解等生化反应的水,以及作为各种物质溶剂的水。消耗水则是指植物根系所吸收的通过叶片散失到大气中的水。

4. 生态需水

生态需水是指为维持植物正常生长发育所必需的体外环境而消耗的水。这部分水不仅能调节大气的温度与湿度,还能调节土壤的温度、通气和供肥状况、微生物区系等。因此,对于植物完成生活史,生态需水与生理需水同样重要。

(二)合理灌溉对植物的影响

合理灌溉对植物的影响如下。

(1)合理灌溉能防止土壤干旱,改变田间小气候,降温,保温,使植株生长加快。

(2)合理灌溉能加强根系的发育,使根系深而广,总吸收面积增大。

(3)在合理的灌溉条件下,叶片水分充足,叶面积加大,光合面积增加,光合速率加快。

(4)在合理的灌溉条件下,作物茎叶的输导组织发达,水分和同化物的运输速率加快,改善光合产物的分配。

由此可见,合理灌溉可以改善作物的各种生理功能(特别是光合作用),还可以改善作物生长的生态环境,所以增产效果十分显著。

(三)合理灌溉的生理基础

合理灌溉的生理基础总的来说就是"看天、看地、看庄稼"。根据植物本身的变化可将进行灌溉的指标分为两类。

1. 形态指标

形态指标即植物缺水时外部形态发生的变化,主要表现在以下几个方面:幼嫩的茎叶发生萎蔫;茎叶颜色转深(为暗绿);茎叶颜色有时变红;植株生长速度下降。

2. 生理指标

目前常用的生理指标有叶片水势、细胞汁液浓度、渗透势和气孔开度等。

(1)叶片水势。当植物缺水时,叶片水势很快降低。如果在清晨或傍晚甚至夜间,叶片水势仍不能达到较高水平,表明应该及时灌水。

(2)渗透势。当细胞液水分短缺时,细胞液渗透势下降。

(3)气孔开度。当水分充足时,气孔是张开的,随着水分的减少,气孔的开张度逐渐缩小,而当土壤中可利用水分用尽时,气孔完全关闭。因此,应在气孔缩小到一定限度之前进行灌溉。

(4)细胞汁液浓度

当水分缺乏时,细胞汁液浓度就会增大,当汁液浓度超过一定限度时,就会阻碍植物的生长。

(四)灌溉的方法

灌溉的方法有以下几种。

(1)地面灌溉法。有漫灌、畦灌和沟灌三种。

(2)喷灌。利用专门的设备将有压水送到灌溉地段,并喷射到空中,散成细小水滴,均匀散布到植物和土壤中。

（3）滴灌。将水或肥料溶液,沿着低压塑料管道系统,按时定量缓慢地、有时连续地送到滴头,通过滴头形成水滴,滴入土壤中植物根系处,使土壤局部处于润湿状态。

【复习思考】

已知小麦的蒸腾系数为 500,经济系数为 0.3,现要求小麦产量达到 400 kg/亩,如不考虑降水、干旱和土壤渗透等因素,试问,每亩小麦田最低需灌水多少 m³?(写出计算过程)

任务 3　植物生产的水环境

【任务重点】

降水、空气湿度的表示方法,土壤水分的存在形态及有效性。

【任务难点】

空气湿度的表示方法,空气湿度的时间变化规律。

【任务内容】

一、降水

(一)降水形成的原因

大气降水的形成,就是云层中水滴或冰晶增长到一定程度,在不断下降的过程中,不因蒸发而导致水分耗尽,降落到地面以后即成为降水。

1. 对流降水

对流降水是指地面空气受热以后,因体积增大而不断上升,到一定高度后又冷却,水汽凝结而形成的降水。

2. 地形降水

地形降水是指在山区,暖湿空气受山地阻挡,被迫抬升到一定高度,因水汽饱和而形成的降水。

3. 锋面降水

锋面降水是指当暖湿空气沿锋面上升,因绝热冷却,水汽凝结而形成的降水。

4. 台风降水

台风降水是指在台风的影响下,因空气绝热上升,水汽凝结而形成的降水。

(二)降水类型

1. 按降水性质分类

按降水性质可将降水分为连续性降水、间歇性降水、阵性降水、毛毛状降水。

2. 按降水物态形式分类

按降水物态形式可将降水分为雨、雪、霰、雹。

3. 按降水强度分类

按降水强度可将降水分为小雨、中雨、大雨、暴雨、大暴雨、特大暴雨、小雪、中雪、大雪等。

（三）降水的表示方法

1．降水量

降水量是指一定时段内从大气中降落到地面未经蒸发、渗透和流失而在水平面上积聚的水层厚度。通常以日为最小单位，进行降水日总量、旬总量、月总量和年总量的统计。

2．降水强度

降水强度是指单位时间内的降水量。根据降水强度大小，可将降水划分为若干等级。

3．降水变率

降水变率有绝对降水变率和相对降水变率两种。

4．降水保证率

降水保证率是指降水量高于或低于某一界限降水量的频率的总和。

二、空气湿度

（一）空气湿度的表示方法

空气湿度是反映空气中所含水汽量和空气潮湿程度的物理量，常用水汽压、绝对湿度、相对湿度、饱和差和露点温度来表示。

（二）空气湿度的时间变化

近地面空气湿度有一定的日变化和年变化规律，尤以水汽压和相对湿度最为明显。

1．水汽压的时间变化

水汽压的日变化有两种基本形式：一种是单峰型，另一种是双峰型。

单峰型的日变化与气温日变化相似，一日中水汽压最大值出现在14—15时，最低值出现在日出之前。单峰型日变化主要发生在海洋上、潮湿的陆地上及乱流交换较弱的季节。

双峰型的日变化有两个极小值和两个极大值：一个极小值出现在日出之前气温最低的时候，另一个出现在15—16时；第一个极大值出现在8—9时，第二个极大值出现在20—21时。双峰型的日变化多发生在内陆暖季和沙漠地区。

水汽压的年变化与气温的年变化相似：在陆地上，最大值出现在7月，最小值出现在1月；在海洋上，最大值出现在8月，最小值出现在2月。

2．相对湿度的时间变化

在大陆内部，相对湿度的日变化与气温的日变化相反：最大值出现在日出前后气温最低的时候，最小值出现在气温最高的14—15时。沿海地区相对湿度的日变化表现为日高夜低，与气温的日变化一致。

相对湿度年变化的位相，一般与气温年变化的位相相反，温暖季节的相对湿度较小，寒冷季节的相对湿度较大。

三、土壤水分

（一）土壤水分的存在形态

1．吸湿水

吸湿水是指土粒表面靠分子引力从空气中吸附并保持在土粒表面的水分，属无效水。

2. 膜状水

膜状水是指土粒靠吸湿水外层剩余的分子引力从液态水中吸附的一层极薄的水膜。吸湿水和膜状水合称为束缚水。

3. 毛管水

毛管水是指土壤依靠毛管的引力作用保持在毛管孔隙中的水分,分为毛管悬着水和毛管上升水两种。

4. 重力水

重力水是指存在于土壤大孔隙中,受到重力作用能向下移动的水分。

（二）土壤水分的有效性

1. 水分常数

土壤水分常数有土壤吸湿系数、萎蔫系数、毛管持水量、田间持水量、全蓄水量等。

2. 水分有效性

通常情况下,将萎蔫系数看作土壤有效水的下限,将田间持水量看作土壤有效水的上限,二者的差值称为土壤有效最大含水量。

（三）土壤含水量的表示方法

1. 质量含水量

$$土壤质量含水量(\%)=\frac{土壤水质量}{烘干土质量}\times100\%=\frac{W_1-W_2}{W_2}\times100\%$$

2. 容积含水量

$$土壤容积含水量(\%)=\frac{土壤水容积}{土壤总容积}\times100\%=质量含水量(\%)\times容重$$

3. 相对含水量

土壤绝对含水量与土壤饱和含水量或田间持水量的比值称为相对含水量。

【复习思考】

（1）降水形成的原因有哪些?

（2）降水有哪些类型? 其表示方法有哪些?

任务 4　提高水分利用率的途径

【任务重点】

节水灌溉技术的种类和特点,保墒技术的特点,水土保持技术的特点。

【任务难点】

节水灌溉技术的应用,水土保持技术的应用。

【任务内容】

一、集水蓄水技术

1. 沟垄覆盖,集中保墒

基本方法是平地(或坡地沿等高线)起垄,农田呈沟、垄相间状态,垄作后拍实,紧贴垄面

覆盖塑料薄膜,降雨时雨水顺着薄膜集中于沟内,渗入土壤深层。

2. 等高耕作种植,截水增墒

基本方法是沿等高线筑埂,改顺坡种植为等高种植,埂高和带宽的设置要能有效地拦截径流。

3. 微集水面积种植

我国的鱼鳞坑就是微集水面积种植之一。在一小片植物或一棵树周围,筑高为 $15 \sim 20$ cm 的土埂,坑深 40 cm,坑内土壤疏松,覆盖杂草,以减少蒸腾。

二、节水灌溉技术

1. 喷灌技术

喷灌是指利用专门的设备将水加压,或利用水的自然落差将高位水通过压力管道送到田间,再经喷头喷射到空中散成细小水滴,均匀散布在农田上,达到灌溉目的的灌溉技术。

2. 地下灌技术

地下灌技术是指将灌溉水输入地下铺设的透水管道或采用其他工程措施普遍抬高地下水位,依靠土壤的毛细管作用浸润根层土壤,供给植物所需水分的灌溉技术。

3. 微灌技术

微灌技术是一种新型的节水灌溉工程技术,包括滴灌、微喷灌和涌泉灌等。

4. 膜上灌技术

膜上灌技术是指在地膜覆盖栽培的基础上,将以往的地膜旁侧灌水改为膜上灌水,水通过放苗孔或专门打在膜上的渗水孔渗入土壤来进行灌溉的灌溉技术。

5. 调亏灌溉技术

调亏灌溉是从植物生理角度出发,在一定时期内主动施加一定程度的、有益的亏水度,使植物经历有益的亏水锻炼后,达到节水增产,改善品质的目的,通过调亏灌溉可控制植物地上部分的生长量,实现矮化密植,减少整枝等工作量。

三、少耕免耕技术

1. 少耕

少耕的方法主要有以深松代翻耕,以旋耕代翻耕等。

2. 免耕

国外免耕法一般由三个环节组成:①利用前作残茬或播种牧草作为覆盖物;②采用联合作业的免耕播种机开沟,喷药,施肥,播种,覆土,镇压,一次完成作业;③采用农药防治病虫害和杂草。

四、地面覆盖技术

1. 沙田覆盖

沙田覆盖是指将细沙甚至砾石覆盖于土壤表面,从而抑制蒸发,减少地表径流,促进自然降水充分渗入土壤中的地面覆盖技术,有增墒、保墒的作用。此外,沙田覆盖还有压碱,提高土温,防御冷害的作用。

2. 秸秆覆盖

秸秆覆盖要点如下：利用麦秸、玉米秸、稻草、绿肥等覆盖于已翻耕过或免耕的土壤表面；在两茬植物间的休闲期覆盖，或在植物生育期覆盖；可以将秸秆粉碎后覆盖，也可整株秸秆直接覆盖，播种时将秸秆扒开，形成半覆盖形式。

3. 地膜覆盖

地膜覆盖能提高地温，防止蒸发，湿润土壤，稳定耕层含水量，起到保墒作用，从而显著增产。

4. 化学覆盖

化学覆盖是指将高分子化学物质制成乳状液，喷洒到土壤表面，形成一层覆盖膜，抑制土壤蒸发的地面覆盖技术，有增湿、保墒的作用。

五、保墒技术

1. 适当深耕

深耕结合施用有机肥，能有效地提高土壤肥力，改善植物生活的土壤环境条件。

2. 中耕松土

通过适期中耕松土，疏松土壤，可以破坏土壤浅层的毛管孔隙，使得耕作层的土壤水分不容易从表土层蒸发，减少了土壤水分的消耗，同时又可消除杂草。

3. 表土镇压

对于含水量较低的沙土或疏松土壤，适时镇压能减少土壤表层的空气孔隙数量，减少水分蒸发，增加土壤耕作层及耕作层以下的毛管孔隙数量，吸引地下水，从而起到保墒和提墒的作用。

4. 创造团粒结构体

在植物生产活动中，通过增施有机肥料，种植绿肥，建立合理的轮作套作等措施，提高土壤有机质含量，再结合少耕、免耕等合理的耕作方法可创造团粒结构体。

5. 植树种草

植树种草能涵养水分，保持水土。

六、水土保持技术

1. 水土保持耕作技术

水土保持耕作技术主要有两大类：一类是以改变小地形为主的耕作法，包括等高耕种、等高带状间作、沟垄种植（如水平沟、垄作区田、等高沟垄、等高垄作、蓄水聚肥耕作、抽槽聚肥耕作等）、坑田、半旱式耕作、水平犁沟；另一类是以增加地面覆盖为主的耕作法，包括草田带轮作、覆盖耕作（如留茬覆盖、秸秆覆盖、地膜覆盖、青草覆盖等）、少耕（如少耕深松、少耕覆盖等）、免耕、草田轮作、深耕密植、间作套种、增施有机肥料等。

2. 工程措施

水土保持的工程措施有山坡防护工程（梯田、拦水沟埂、水平沟等）、山沟治理工程（沟头防护工程、谷坊等）、山洪排导工程（排洪沟、导流堤等）、小型蓄水工程（小水库、蓄水塘坝等）等。

3. 林草措施

水土保持的林草措施有封山育林、荒坡造林（水平沟造林、鱼鳞坑造林等）、护沟造林、种草等。

【复习思考】

（1）提高水分利用率的途径有哪些？

（2）保墒技术有哪些？

任务5　水与园林植物

【任务重点】

水对园林植物的生态作用，园林植物对水分条件的适应，园林植物对水分的调节作用。

【任务难点】

城市水环境的特点，水对园林植物的生态作用。

【任务内容】

水分的多少直接影响植物的生存与分布，同时植物也以各种各样的方式适应不同的水环境。城市地区的水环境有其特殊性，园林植物对城市水环境具有一定的调节作用。

一、城市水环境

城市地区降水主要受所处地理位置的影响，同时由于城市下垫面与自然地面存在很大差异，且市区人口密集，耗水量大，污染严重，所以城市地区的水环境不同于周围农村，有其特殊性。

（一）水污染严重，水质恶化

水体污染是指进入水体的污染物质超过了水体的自净能力，使水的组成和性质发生变化，从而使动、植物生长条件恶化，人类生活和健康受到不良影响。

城市地区的工业污水、生活污水多，目前我国污水处理率低，相当部分的污水直接排入水体，造成水体污染，水质恶化。水体污染包括水体富营养化，水体被有毒物质污染，水体热污染等。

1. 水体富营养化

水体富营养化是指水体中氮、磷、钾等营养物质过多，致使水中的浮游植物（如藻类）过度繁殖的现象。

水体富营养化后，过度繁殖的大量浮游植物的有机物残体分解，浮游植物的呼吸也大量消耗氧气，导致水体溶气量显著减少，透明度降低，严重时还会导致鱼类窒息死亡，水体腥臭难闻。有些水生藻类死亡后，残体分解还会产生毒素，贝类会积累藻类毒素，通过食物链毒害其他生物。

2. 水体被有毒物质污染

污染水体的有毒物质主要有两类：一类是汞、铬、铝、铜、锌等重金属，主要来自工矿企业排放的废水，重金属被水中的悬浮物吸附后沉入水底，成为长期的次生污染源；另一类是有机氯、有机磷、芳香族氨基化合物等，如有机氯农药、合成洗涤剂、合成染料等，它们不易被微生物分解,有些还是致癌、致畸的物质,被生物吸收后,难以排出体外,最终在生物体内富集达到非常高的浓度,通过食物链对其他生物造成危害。

3. 水体热污染

许多工业生产过程产生的废余热散发到水体中,会使水体温度明显升高,影响水生生物的正常生长发育,这种污染称为水体热污染。

水中有原核微生物、真核微生物、原生动物、藻类、真菌等,各类生物都有自己的生长上限温度,研究表明,水体温度的微小变化会影响生物的多样性。

(二)城市水资源短缺

城市水资源是指供城市工业、郊区农业和城市居民生活所需的水资源,也包括工业及生活污水经过处理后再回用于工农业及其他的用水。

我国目前 700 多个城市中,有一大半城市缺水,其中百万以上人口城市的缺水程度较为严重。如天津是一个资源性缺水城市,天津市水资源拥有量为 11.7 亿 m^3(地表水和地下水),人均水资源占有量为 160 m^3,远低于联合国发布的发展中国家人均水资源占有量 1 000 m^3 的指标,也低于小康社会最低人均水资源占有量 300 m^3 的指标。

我国人均水资源是世界平均水资源的 1/4,且分布不均匀(体现为总量与结构上的严重短缺)。随着经济规模不断扩大,人口增加,耗水量逐年增加,城市地区人均水资源拥有量不断下降,而水污染严重则进一步加剧了城市的水资源短缺。近年来,城市的绿化用水呈迅速上升趋势,特别是大草坪的盲目发展,消耗了大量的水资源。

(三)城市降雨量高

城市地区建筑物多,提高了城市下垫面的粗糙度,特别是一些高层建筑强烈阻碍流过城市的气流,在小区域内产生涡流,导致气流"堆积"。"堆积"的气流在丰富的凝结核作用下易形成降水,因此城市地区的降水强度和降水频率都比郊区高。

(四)城市地表径流量增加

郊区的地表植被多,土壤结构好,有良好的透水性和较大的孔隙度,降水的一部分渗入地下补给地下水,一部分涵养在地下水位以上的土壤孔隙中,一部分填洼和蒸发,其余部分形成地表径流。

在市区,由于人类活动的影响,自然土壤地面少,排水系统管网化,降水渗入地下的部分减少,直接排入河流,加上城市地区河道的整治改造,使得自然河道和低洼地的调蓄能力下降,因此近 2/3 的雨水会形成地表径流。

(五)城市的空气湿度低

城市下垫面相对于自然环境发生了巨大变化,建筑物和路面多数为不透水层,降雨后很快形成径流,由排水系统排出,雨停后路面很快干燥,加之城市植物覆盖面积小,所以城市的蒸散量较小,城市的空气湿度比郊区低,形成"干岛效应"。

城市地区一般雾多,这是由于大气污染颗粒物质为雾的形成提供了丰富的凝结核;建筑群增加了城市下垫面的粗糙度,降低了风速,为雾的形成提供了合适的风速条件。城市的大雾会阻碍空气中污染物的稀释和扩散,加重大气污染,减弱太阳辐射,降低能见度。

二、水对园林植物的生态作用

（一）水是植物生存的重要条件

水对植物生存的重要性主要体现在以下几个方面。

（1）水是植物体不可缺少的重要组成部分。

（2）水是代谢过程的反应物质,光合作用、呼吸作用、有机物的合成与分解都需要水的参与,没有水,这些生理代谢过程将不能进行。

（3）水是植物进行生理生化反应的溶剂,一切代谢活动都必须以水为介质,植物体内营养的吸收、运转等各种生理过程都必须在水溶液中进行。

（4）水可产生静水压维持细胞和组织的紧张度,使植物保持固有的状态,维持正常代谢。

（5）水能调节植物体和环境的温度,水的热容量大,水的温度变化比大气小,为生物创造了一个相对稳定的温度环境。水在植物生态中起着重要的作用,植物可通过蒸腾降低体温,使植物免受烈日、高温危害。

（二）植物体内的水分平衡

植物体内水分平衡是指植物在生命活动中,吸收的水分和消耗的水分之间的平衡。植物只有在吸收、输导和蒸腾三方面的水分比例适当时,才能维持植株体内的水分平衡,保证植物正常的生长发育。

（三）水对植物生长发育的影响

降水量与植物生长量密切相关,一般降水量大,植物生长量大,这在树木径向生长上表现得尤其明显。雪对植物的生态作用具有两面性。"瑞雪兆丰年",降雪对植物有利的方面表现为保护植物越冬,补充土壤水分,有利于第二年春天的生长;但降雪也会造成植物的雪害(如雪压、雪折、雪倒等)。暴雨、冰雹会造成植株体损伤。降水量与植被分布关系密切,会影响物种数量和群落结构,我国 400 mm 的等雨量线是森林和草原的分界线。

三、园林植物对水分条件的适应

不同地区的水资源供应存在很大差距,植物由于长期适应不同的水分条件,逐渐在形态和生理特性两方面发生变异,并形成了不同的类型。根据植物对水分的需要量和依赖程度,可将植物分为水生植物和陆生植物两类。

（一）水生植物

1. 水生植物的概念

水生植物是所有生活在水中的植物的总称。

2. 水生植物的特点

1）生理方面

水生植物的细胞具有很强的渗透调节能力,特别是生活在咸水环境中的植物,其细胞的渗透调节能力更强。

2）生态方面

水生植物在生态方面具有以下特点:具有发达的通气组织;植物的机械组织(如导管等)

不发达甚至退化,植物有弹性和抗扭曲能力;水下的叶片多分裂成带状或丝状,而且很薄。

3. 水生植物的分类

水生植物可分为以下几类。

(1)沉水植物。植株沉没于水下,根退化或消失,为典型的水生植物。如金鱼草、狸藻和黑藻等。

(2)浮水植物。叶片漂浮在水面上,气孔在叶片上面,根悬浮或伸入水底。如浮萍、凤眼莲、睡莲、王莲等。

(3)挺水植物。植物体大部分挺出水面,根系浅。如荷花、香蒲、芦苇等。

(二)陆生植物

1. 湿生植物

湿生植物在潮湿环境中生长,不能忍受较长时间的水分不足,根系不发达,通气组织发达。如水松、水杉、池杉、落羽杉、赤杨、枫杨、垂柳、秋海棠、马蹄莲、龟背竹、翠云草、华凤仙、竹节万年青等。

2. 中生植物

中生植物是指生长在水分条件适中环境中的植物,具有保持水分平衡的结构和功能,绝大多数园林树木和陆生花卉都属于中生植物。如油松、侧柏、桑树、紫穗槐、月季、茉莉、棕榈、君子兰,以及大多数草花、宿根和球根花卉等。

3. 旱生植物

旱生植物生长在干旱环境中,能长期耐受干旱环境,且能维持水分平衡,多分布在干热草原和荒漠区。如马尾松、雪松、构树、化香、石楠、旱柳、沙柳、白兰、橡皮树、枣树、骆驼刺、木麻黄、天竺葵、天门冬、杜鹃、山茶、锦鸡儿、肉质仙人掌等。

四、园林植物对水分的调节作用

(一)增加空气湿度

城市园林植物具有很好的增加空气相对湿度的作用,园林树木能遮挡太阳辐射,降低风速,阻碍水蒸气迅速扩散,还有很强的蒸腾作用。

(二)涵养水源,保持水土

园林植物与绿地能改变降水的去向,一般绿地土壤入渗量比裸露地高,地表径流量小,因此能涵养水源,保持水土。

1. 林冠截留

林冠截留会减弱雨水对地表的冲刷,减少水土流失,林内降雨先落到树叶、树枝和树干等树体表面,再流到林地表面,还有一部分降水未接触树体,直接落到林地。林冠截留还会使水质发生变化,通过林冠树叶、树枝和树干的降水,将积累在这些部位和幼嫩枝叶释放出来的养分淋溶下来,使得林内雨含有较多的养分。在连续降水的一段时间内,林冠上部或空旷地雨量称为林外雨量。

2. 地被物层吸水保土

降水在下渗过程中,先接触地被物层。土壤表面的枯枝、落叶等形成的地被物层,结构疏松,表面粗糙,对降水有吸收和拦截作用,可防止雨滴击溅土壤,提高土壤下渗能力。

不同森林的枯枝落叶层截留量有较大差异,随着林龄的增加,枯落物积累加厚,持水量也相应提高,有利于降水缓慢下渗,起到涵养水源的作用。

3. 增加地表水的吸收和下渗

绿地土壤孔隙度高,结构好,入渗量比裸露地高,可以减少地表径流量,增加植物可利用水量,防止水土流失。

4. 对融雪的调节作用

绿地内土壤温度变化小,冬、春季融雪时间比林外晚,融雪速度慢,同时绿地内的土壤冻结比绿地外浅,这样就有利于融雪水渗透和被土壤吸收,减少地表径流量。

森林群落可在森林内部大量地储存水分,减少地表径流量,从而能保持水土,涵养水源,调节周围小气候。

(三)净化水体

植物对水体的净化作用主要表现在两个方面。一是植物的富集作用。植物可以吸收水体中的溶解物质,植物体对元素的富集浓度是水中浓度的几十至几千倍,对净化城市污水有明显的作用。如水葫芦能从污水中吸收金、银、汞、铅等重金属物质,芦苇能吸收酚及其他二十几种化合物,所以有些国家将芦苇用于污水处理的最后阶段。二是植物具有代谢解毒的能力。在水体的自净过程中,生物体是最活跃、最积极的因素。如水葱、灯芯草等可吸收水体中或水底土中的单元酚、苯酚、氰化物,氰化物是一种毒性很强的物质,但通过植物的吸收,与丝氨酸结合转变成腈丙氨,再转变成天冬酰胺,最终可转变成无毒的天冬氨酸。

【复习思考】

(1) 水对园林植物的生态作用有哪些?

(2) 园林植物对水分的调节作用有哪些?

任务 6 蒸腾作用的测定

【任务目标】

蒸腾作用虽是一个简单的过程,但它却是许多因素相互作用的结果。因为光合强度、叶面温度、风的速度等都会影响植物的蒸腾强度。蒸腾强度是植物的重要水分生理指标之一,它能准确地反映植物的特征和外界环境因子对植物水分消耗的影响。测定植物蒸腾强度,对于植物生理、生态、植物栽培育种等都是很重要的。

【任务原理】

离体的植物叶片,由于蒸腾作用逐渐失重,重量的减轻与蒸腾强度成正比。

【任务仪器、用具及材料】

(1) 仪器及用具:扭力天平、打孔器、秒表。

(2) 材料:任何新鲜植物的叶片。

【任务实施】

任务的具体实施步骤如下。

(1) 在田间选择待测定的叶片,用打孔器取样。用扭力天平(准确到 0.1 mg)进行测定。用秒表准确计时。

（2）从取样起到第一分钟，第一次读数；过三分钟第二次读数。由两次的质量差计算蒸腾强度或以后次质量计算蒸腾强度。计算式为：

$$蒸腾强度 1 = \frac{（前次重-后次重）\times 60}{3\times 面积}$$

$$蒸腾强度 2 = \frac{（前次重-后次重）\times 60}{3\times 后次重}$$

任务实施过程中，应注意在采用离体称重法时，必须防止植株上所吸附着的尘土对叶片质量的影响，所以在剪取材料前，应轻轻掸掉植株上所附着的浮土。

【任务报告】

根据测定结果，完成实验报告。

【任务小结】

总结学生实验情况，考查学生对实验操作的掌握情况。

项目 5 植物生长温度环境调控

【项目目标】

掌握土壤热特性、土壤温度与空气温度的变化规律，以及植物生长发育的三基点温度、农业界限温度、积温和有效积温等的概念。了解温度与植物生长发育的关系。

【项目说明】

各种植物的生长发育都对温度条件有一定的要求，植物的生长和繁殖要在一定的温度范围内进行，此温度范围的两端是最低温度和最高温度。低于最低温度或高于最高温度都会导致植物体死亡。最低温度与最高温度之间有一最适温度，在最适温度时，植物生长和繁殖得最好。

在农业生产上，既要注意各种环境条件对生长的个别生理活动的特殊作用，又要运用一分为二的观点，抓住主要矛盾，采取合理措施，这样才能适当地促进和抑制植物的生长，达到栽培的目的。

任务 1 植物生产的温度环境

【任务重点】

土壤热特性，土壤温度、空气温度的变化规律。

【任务难点】

影响土壤温度的因素，大气中的逆温。

【任务内容】

一、土壤温度

（一）土壤的热特性

1. 土壤热容量

土壤热容量可分为质量热容量和容积热容量。当不同的土壤吸收或放出相同热量时，热容量越大的土壤，其温度变化越小；反之，热容量越小的土壤，其温度变化就越大。

2. 土壤导热率

土壤导热率高的土壤，热量易在上、下层之间传导，地表土温的变化较小；相反，导热率低的土壤，地表土温的变化较大。

（二）土壤温度的变化

1. 土壤温度的日变化

温度日较差是指一日内最高温度与最低温度之差。在正常的天气条件下，一日内土壤表面最高温度出现在 13 时左右,最低温度出现在日出之前,土壤表面温度的日较差较大。

2. 土壤温度的年变化

一年中,土壤表面月平均温度最高值出现在 7—8 月,最低值出现在 1—2 月。

3. 土壤温度的垂直分布

一天中,土壤温度的垂直分布一般分为日射型、辐射型、上午转变型和傍晚转变型等四种类型。一年中,土壤温度的垂直变化可分为放热型(冬季,相当于辐射型)、受热型(夏季,相当于日射型)和过渡型(春季和秋季,相当于上午转变型和傍晚转变型)。

(三)影响土壤温度的因素

影响土壤温度的主要因素是太阳辐射,除此之外,土壤湿度等因素也会影响土壤的温度。

1. 土壤湿度

潮湿土壤与干燥土壤相比,地面土壤温度的日变幅和年变幅较小,最高、最低温度出现的时间较迟。

2. 土壤颜色

土壤颜色可改变地面辐射差额,故深色土壤白天温度高,日较差大,而浅色土壤白天温度较低,日较差较小。

3. 土壤质地

土壤温度的变化幅度以沙土最大,壤土次之,黏土最小。

4. 覆盖

植被、积雪或其他地面覆盖物可截留一部分太阳辐射能,使得土温不易升高;还可防止土壤热量散失,起保温作用。

5. 地形和天气条件

坡向、坡度和地平屏蔽角大等地形因素,以及阴、晴、干、湿、风力大小等天气条件,会影响到达地面的辐射量,或者影响地面热量收支,从而影响土壤的温度。

6. 纬度和海拔高度

土壤温度随着纬度的增加、海拔的增高而逐渐降低。

二、空气温度

1. 空气温度的日变化

空气温度的日变化与土壤温度的日变化一样,只是最高、最低温度出现的时间推迟,通常最高温度出现在 14—15 时,最低温度出现在日出前后。

2. 空气温度的年变化

气温的年变化与土温的年变化十分相似。大陆性气候区和季风性气候区,一年中最热月和最冷月分别出现在 7 月和 1 月,海洋性气候区落后 1 个月左右,分别在 8 月和 2 月。

3. 气温的非周期性变化

气温除具有周期性日变化、年变化规律外,在空气大规模冷暖平流影响下,还会产生非周期性变化。如我国江南地区 3 月出现的"倒春寒"天气和秋季出现的"秋老虎"天气,便是气温非周期性变化的结果。

4. 大气中的逆温

逆温是指在一定条件下,气温随高度的增高而增加、气温直减率为负值的现象。逆温按其形成原因,可分为辐射逆温、平流逆温、湍流逆温、下沉逆温等类型。

(1)辐射逆温。辐射逆温是指夜间由地面、雪面或冰面、云层顶等辐射冷却形成的逆温。

(2)平流逆温。平流逆温是指当暖空气平流到冷的下垫面时,使下层空气冷却而形成的逆温。

逆温现象在农业生产中应用很广泛。

【复习思考】

(1)土壤三相组成中,容积热容量最大的是哪一相?土壤导热率最大的又是哪一相?

(2)逆温现象在农业生产中有哪些应用?

任务 2 植物生长发育与温度调控

【任务重点】

植物生长发育的三基点温度、农业界限温度、积温等基本概念,农业生产中的温度调控措施。

【任务难点】

积温的概念及应用,农业生产中的温度调控措施。

【任务内容】

一、温度对植物生长发育的影响

(一)植物生长发育的三基点温度与农业界限温度

1. 植物生长发育的三基点温度

植物生长发育都有三个温度基本点,即维持生长发育的生物学下限温度(最低温度)、生物学最适温度和生物学上限温度(最高温度),这三者合称为植物生长发育的三基点温度。

2. 农业界限温度

农业气候上常用的界限温度及农业意义如下。0 ℃:土壤冻结或解冻的标志。5 ℃:喜凉植物开始生长的标志。10 ℃:喜温植物开始播种或停止生长的标志。15 ℃:大于 15 ℃期间为喜温植物的活跃生长期。20 ℃:热带植物开始生长的标志。

(二)积温

1. 积温的概念及分类

一定时期的积累温度,即温度总和,称为积温。积温能表明植物在生育期内对热量的总要求,它包括活动积温和有效积温。

高于最低温度(生物学下限温度)的日平均温度,叫作活动温度。植物生育期间的活动温度的总和,叫作活动积温。活动温度与最低温度(生物学下限温度)之差,叫作有效温度。植物生育期内有效温度的总和,叫作有效积温。

2．积温的应用

积温作为一个重要的热量指标，在植物生产中有着广泛的用途，主要体现在以下几个方面：分析农业气候热量资源，作为植物引种的科学依据，为农业气象预报服务。

（三）温度变化与植物生产

1．植物的感温性和温周期现象

1）植物的感温性

植物感温性是指植物长期适应环境温度的规律性变化，形成其生长发育对温度的感应特性。春化作用是植物感温性的另一表现。

2）温周期现象

温周期现象是指在自然条件下气温呈周期性变化，许多植物适应温度的这种节律性变化，并通过遗传成为其生物学特性的现象。植物温周期现象主要是指日温周期现象。

2．土壤温度与植物生长发育

土壤温度对植物生长发育的影响主要表现在以下几个方面：对植物水分吸收的影响，对植物养分吸收的影响，对植物块茎和块根形成的影响，对植物生长发育的影响。

3．空气温度变化与植物生长发育

1）气温日变化与植物生长发育

气温日变化对植物的生长发育、有机质积累、产量和品质的形成有重要意义。

2）气温年变化与植物生长发育

温度的年变化对植物生长也有很大影响，高温对喜凉植物生长不利，而喜温植物却需要一段相对高温期才能生长发育。气温的非周期性变化对植物生长发育易产生低温灾害和高温热害。

二、植物生长发育的温度调控

1．耕翻松土

耕翻松土的作用主要有疏松土壤，通气增温，调节水气，保肥保墒等。在春季，特别是早春，耕翻松土可以提高表层土温，增大日温差，保持深层土壤水分，增加土壤 CO_2 的释放量，有利于种子发芽出苗，也有利于幼苗长叶、发根和积累有机养分。

2．镇压

镇压后土壤孔隙度减少，土壤热容量、导热率随之增大。因而清晨和夜间，土表增温，中午前后，土表降温，土表气温日变幅小。镇压可以使土壤的坷垃破碎，弥合土壤裂缝，在寒流袭击时可有效防止冷风渗入土壤危害植物。镇压的另一作用是提墒。

3．垄作

垄作的目的在于增大植物的受光面积，提高土温，排除渍水，松土通气。在温暖季节，垄作可以提高表土层温度，有利于种子发芽和出苗。垄作的增温效应受季节和纬度影响。垄作具有排涝通气的作用，多雨季节有利于排水抗涝。此外，垄作还可以增强田间的光照强度，改善通风状况，有利于喜温、喜光作物（如棉花）的生长，减轻病害。

4．地面覆盖

地面覆盖的目的在于保温，增温，抑制杂草，减少蒸发，保墒等。地面覆盖的主要方式

如下。

（1）土面增温剂。土面增温剂具有保墒，增温，压碱，防止风蚀、水蚀等多种作用。

（2）染色剂。在地面上喷洒或施用草木灰、泥炭等黑色物质，地面会因增加了对太阳辐射的吸收而增温；施用石灰、高岭土等浅色物质，地面会因增加了对太阳辐射的反射而降温。

（3）地膜覆盖。地膜覆盖具有增温，保墒，增强近地层光强和 CO_2 浓度的功能。增温效应以透明膜为最好，绿色膜次之，黑色膜最小。

（4）铺沙覆盖。铺一层厚度小于 0.2 cm 的细沙，在 3—4 月地表可增温 1～3 ℃，细沙厚度为 5 cm 时，地温可升高 1.9～2.8 ℃，10 cm 时，地温升高 1.2～2.2 ℃；另外，铺沙覆盖具有保水效应，可防止土壤盐碱化，改善温、湿度条件。

（5）其他覆盖。其他覆盖技术如秸秆覆盖技术、无纺布浮面覆盖技术、遮阳网覆盖技术已得到推广，其主要作用表现在增温，保墒，抑制杂草等方面。

5. 灌溉

灌溉对植物生产有重要意义，除了补充植物需水外，还可以改善农田小气候环境。春季灌水可以抗御干旱，防止低温冷害；夏季灌水可以缓解干旱，降温，减轻干热风危害；秋季灌水可以缓解秋旱，防止寒露风的危害；冬季灌水可为越冬植物的安全越冬创造条件。

6. 设施增温

增温的设施主要有智能化温室、加温温室、日光温室和塑料大棚等。

【复习思考】

（1）什么叫积温？积温有几种表示方法？积温在植物生产中有哪些应用？

（2）农业生产中的温度调控措施有哪些？

任务 3　城市园林植物生长温度调控

【任务重点】

热岛效应、热岛强度的概念，温度对园林植物的生态作用，极端温度对植物的影响。

【任务难点】

城市热岛效应形成的原因，极端温度对植物的影响。

【任务内容】

一、城市温度条件

（一）热岛效应

城市是人口、建筑物，以及生产、生活的集中地，其温度条件与周围的郊区相比有很大差异。

1. 城市热岛效应

城市热岛效应是城市气候最明显的特征之一，它是指城市气温高于郊区或乡村的气温，温度较高的城市地区被气温相对较低的郊区或乡村所包围的现象。

2. 热岛强度

热岛强度是指市内均温与郊区均温的差值。

3. 城市热岛效应形成的原因

城市热岛效应形成的原因如下。

（1）城市下垫面的反射率比郊区小。城市绿地面积比郊区小，砖石、水泥、沥青等建筑材料的光反射率比植被低，特别是深色屋顶和墙面等反射率更低。城市建筑物密度大，形成立体下垫面，太阳辐射经下垫面之间的多次反射吸收后最终反射的能量减少。

（2）城市下垫面建筑材料的热容量、导热率比郊区森林、草地、农田组成的下垫面要大得多。城市较高温度的下垫面通过长波辐射提供给大气的热量比郊区多。

（3）城市大气中的 CO_2 和空气污染物含量高，会形成覆盖层，减少热量的散失，并对地面长波辐射有强烈的吸收作用。

（4）城市中建筑物密集，通风不良，不利于热量的扩散；城市地面不透水面积较大，排水系统发达，地面蒸发量小，植被少，通过水分蒸腾、蒸发消耗热量的作用减小。

4. 影响城市热岛效应强度的因素

城市热岛效应强度因地区而异，它与城市规模、人口密度、建筑物密度、城市布局、附近的自然环境有关。

（二）城市小环境温度变化

在城市的局部地区，由于建筑物和铺装地面的作用，极大地改变了自然光、热、水的分布，形成了特殊的小气候，温度因子的变化尤其明显。

建筑物南、北向接受的太阳辐射及风的差异大，温度条件也存在很大差异，如在冬季，冻土层的深度和封冻时间不一样。

二、温度对园林植物的生态作用

（一）温度对植物生理活动的影响

植物的各种生理代谢、生命活动和生长都是在一定的温度条件下进行的。

1. 环境温度升高对植物的生理作用

温度升高会促进生化反应的酶活性，特别是促进光合作用和蒸腾作用的酶活性；温度升高会使 CO_2 和 O_2 在植物细胞内的溶解度增加；温度升高会促进根系吸收土壤中的水分和矿物质；温度升高会促进蒸腾作用；但温度过高会使植物萎蔫，甚至枯死。

2. 温度对植物蒸腾作用的影响

温度对植物蒸腾作用的影响如下。

（1）温度会改变空气中蒸气压，而影响植物的蒸腾速率。

（2）温度能直接影响叶面温度和气孔的开闭，并使角质层蒸腾和气孔蒸腾的比率发生变化，温度越高，角质层蒸腾所占比例也越大。

（二）温度对植物生长发育的影响

温度对植物生长发育的影响如下。

（1）植物种子只有在一定的温度条件下才能萌发。一般温带树种的种子，在 $0\sim5\ ℃$ 开始萌动，大多数树木种子萌发的最适温度为 $25\sim30\ ℃$。

（2）有些植物种子在发芽前，需要进行低温处理，以提高种子萌发率。

（3）温度是影响植物生产力的主要因素之一。从热带到极地，随着温度的下降，植物生

产力逐渐下降;随着海拔的升高,年均温下降,不同植被带的生产能力也下降。

（4）一般在较高的温度条件下,植物生长发育快,果实成熟早。

（5）二年生及多年生植物的花芽分化一般需要经过一定时间的低温阶段(春化阶段)。

（三）低温与休眠的关系

自然条件下,低温和短日照是相伴随出现的,多数植物冬季休眠的诱导因子虽然是短日照,但由于植物体的整个休眠期是在冬季低温下度过的,因此植物休眠对低温也有一定的要求。低温与休眠的过程是密切相关的,休眠期内的低温程度对休眠的加深或延长有决定性作用。

（四）极端温度对植物的影响

临界温度是指植物的正常生命活动都是在一定温度条件下进行的,当温度低于或高于一定界限时,植物便会受害,这种使植物开始受害的低温或高温称为临界温度。

温度超过临界值越多,植物受危害越严重。温度突然发生较大变化时,植物易受危害。极端温度危害分为低温危害和高温危害两类。

1. 低温危害

低温危害包括以下几个方面。

（1）冷害。冷害是指 0 ℃以上的低温对植物造成的危害。由于在低温条件下,ATP 减少,酶系统紊乱,活性降低,导致植物的光合作用、呼吸作用、蒸腾作用,以及植物吸收、运输、转移等生理活动的活性降低,植物各项生理活动之间的协调关系遭到破坏。冷害是喜温植物往北引种的主要障碍。

（2）冻害。冻害是指 0 ℃以下的低温对植物造成的危害。

冻害会使植物体内的液态水形成冰晶,这些冰晶一方面使细胞失水,引起细胞原生质体收缩,造成胶体物质的沉淀,另一方面使细胞压力增大,促使胞膜变性和细胞壁破裂,严重时会引起植物死亡。当植物受冻害后,温度的急剧回升要比缓慢回升使植物受害更加严重。

（3）霜害。霜害是指由于霜的出现而对植物造成的危害。霜害会破坏原生质膜,使蛋白质失活和变性。

（4）冻举(冻拔)。冻举是指气温下降,引起土壤结冰,使得土壤体积增大,随着冻土层的不断加厚、膨大,会使树木上举。解冻时,土壤下陷,树木留于原处,根系裸露于地面,严重时倒伏死亡。冻举一般多发生在寒温带地区土壤含水量过大、土壤质地较细的立地条件下。

（5）冻裂。冻裂是指白天太阳光直接照射到树干,入夜气温迅速下降,由于木材导热慢,树干两侧温度不一致,热胀冷缩产生横向拉力,使树皮纵向开裂造成伤害。冻裂一般多发生在昼夜温差较大的地方。

（6）生理干旱(冻旱)。冻旱是指土壤结冰时树木根系吸不到水分,或土壤温度过低根系活动微弱,吸水很少而地上部分不断蒸腾失水,引起枝条甚至整棵树木失水干枯而死亡。

生理干旱多发生在土壤未解冻前的早春。北京等多风的城市,蒸腾失水多,生理干旱经常发生。迎风面挡风减少蒸腾失水,或在幼龄植物北侧设置月牙形土埂以提高地温,缩短冻土期,可以减轻生理干旱的危害。

2. 高温危害

高温危害多发生在无风的天气。在城市街区、铺装地面、沙石地和沙地,夏季高温易造成危害。

（1）皮烧（日灼伤）。皮烧是指树木受强烈的太阳辐射,温度升高,特别是温度的快速变化,引起树皮组织局部死亡的现象。皮烧多发生在冬季,朝南或南坡地域有强烈太阳光反射的城市街道,树皮光滑的成年树易发生皮烧。皮烧的症状为受害树木的树皮呈片状剥落。植物皮烧后,容易发生病菌侵入,严重时会危害整棵树木。将树干涂白,反射掉大部分热辐射可减轻强烈太阳辐射造成的皮烧危害。周围空气温度32.2 ℃,涂白的树干42.2 ℃,没有涂白的树干53.3 ℃。

（2）根茎灼伤。当土壤表面温度高到一定程度时,会灼伤幼苗柔弱的根茎,可通过遮阴或喷水降温以减轻危害。

3. 极端温度对植物的影响程度

极端温度对植物的影响程度,一方面取决于温度的高低程度及极端温度持续的时间、温度变化的幅度和速度,另一方面与植物本身的抗性有关。植物抗性主要取决于植物体内含物的性质和含量。植物在不同发育阶段,其抗性不同,休眠阶段抗性最强,生殖生长阶段抗性最弱,营养生长阶段抗性居中。外地引进的园林苗木,一般在本地栽植1～2年后,经过适应性锻炼,能大大提高其抗性。

三、园林植物对温度的适应

（一）园林植物对温度的适应

1. 园林植物对低温的适应

长期生活在低温环境中的植物通过自然选择,在生理、形态方面表现出适应特征。

（1）生理方面:减少细胞中的水分,增加细胞中的糖类、脂肪和色素类物质来降低植物的冰点,增强其抗寒能力。

（2）形态方面:高山植物的芽和叶片常受到油脂类的保护,芽具有鳞片,植物矮小并且呈匍匐状或莲座状。

植物对极端温度的适应能力主要表现在叶片和芽的抗性上,不同分布区植物对极端温度的适应性相差极大。

2. 园林植物对高温的适应

（1）生理适应:降低细胞含水量,增加糖和盐的浓度,以减缓代谢速率,增加原生质的抗聚结力,通过旺盛的蒸腾作用消耗热量,以避免植物体因过热而受伤害。

（2）形态适应:植物生有密茸毛和鳞片,能阻挡部分阳光;植物体呈白色、银白色,叶片革质发亮,能反射部分阳光;叶片角度发生变化或在高温条件下叶片折叠,减少对阳光的接受面积;一些树木的树干和根茎有厚的木栓层,具有绝热和保护作用。

（二）季节变温与物候现象

1. 季节变温

大部分地区的温度都有季节性变化,春夏秋冬主要是温度的季节性变化,在中纬度、低海拔地区变化最为明显。

2. 物候现象

物候现象是指植物长期适应一年中气候条件(主要是温度条件)的季节性变化,形成与此相适应的生长发育节律的现象。

物候现象是植物对温度变化适应的显著表现。如春暖复苏、入冬落叶、夏花秋实等。物候期因纬度、海拔而异。南京和北京纬度相差6°,桃花开花期相差19天。关于海拔的差异,白居易有诗"人间四月芳菲尽,山寺桃花始盛开",庐山山上的桃花开花期要比山下约迟1个月。在市区内,温度一般比城市以外地区高,物候期也较早,落叶休眠较晚。

四、园林植物对气温的调节作用

1. 使周围环境趋于冬暖夏凉

大片的园林植物能使其周边环境趋于冬暖夏凉。原因如下。

(1)夏季在树荫下会感觉到凉爽宜人,这是由于树冠能遮挡阳光,减少日光直接辐射。

(2)植物叶片对热辐射的红外光的反射率可高达70%,而城市铺地材料沥青对红外光的反射率仅为4%,植物遮阴可明显减缓小环境温度的升高。

(3)植物通过蒸腾作用消耗大量热量,从而产生明显的降温效果。

(4)不同树种的降温效果差异很大,与树冠大小、枝叶密度、叶片质地有关。

2. 形成局部微风

城市地区大面积园林绿地还可形成局部微风。原因如下。

(1)在夏季,建筑物和水泥沥青地面气温高,热空气上升,而绿地内气温低,空气密度大,向周围地区流动,从而使得热空气流向园林绿地,经植物过滤后的凉爽空气再流向周围,使周围地区的温度下降。

(2)在冬季,森林树冠阻挡地面的辐射热向高空扩散,而空旷处空气容易流动,散热快,因此在树木较多的小环境中,气温要比空旷处高,这时树林内的热空气会向周围空旷处流动,提高周围地区的温度。

【复习思考】

(1)低温对园林植物有哪些危害?

(2)高温对园林植物有哪些危害?

(3)温度对园林植物生长发育的影响有哪些?

任务4　植物保护地栽培的温度调控

【任务重点】

温度条件与农业生产,保护地设施内温度条件的特点,保护地设施内温度的调节方法。

【任务难点】

保护地设施内温度条件变化的规律,保护地设施内温度的调节方法。

【任务内容】

一、温度条件与农业生产

植物体的光合作用、呼吸作用、蒸腾作用,以及从土壤中吸收养分等生理过程,只能在一定的温度范围内进行。植物生长发育的温度范围是自生物学最低温度至生物学最高温度,高于生物学最高温度或低于生物学最低温度,植物的生长发育都会停止。

二、保护地设施内温度条件的特点

（一）保护地设施内的热量交换

阳畦、大小棚、温室等保护地设施内热量的来源有人工加温热源、太阳光、土壤中有机物分解放出的生物热等。

（二）气温

在冬季,绝大部分蔬菜保护地设施里的气温都高于露地,特别是日光温室内,这种现象一般称为温室效应。

1. 各保护地设施内的气温

国内大部分的保护地设施中,以日光温室在冬季的气温为最高。

2. 各保护地设施内温度的日变化

各保护地设施内的温度变化与外界温度变化的规律相同。

3. 气温的垂直分布

在不通风的条件下,日光温室内的气温垂直分布有以下特点。

（1）一定高度范围内,气温随高度的增加而上升,栽培畦的上、下方温差可达 4～6 ℃。

（2）温室中柱前 1 m 处有一个低温层。

（3）气温的垂直分布因室内位置而不同,随时间而变化。

（4）室内 0.5 m 以下的贴地气层气温的层间分布十分复杂。

（5）日光温室中有一个稳定的高温区。

4. 气温的水平分布

日光温室内的气温在水平方向上,南北之间、东西之间都有较大的不均匀性。

（1）温室内的平均气温在距北墙 3～4 m 处最高,由此向北、向南呈降低趋势。

（2）在前坡下的栽培畦内,畦南、北方向上的最高气温和最低气温存在明显的差异。

（3）温室东、西方向上的温度低于中间。靠近进出口的一侧温度比另一侧约低 1 ℃。

5. 保护地设施内的最高气温

日光温室中最高气温具有以下特点:增温效应显著;晴天最高气温出现在 13 时,阴天最高气温出现在云层较散、散射光较强的时候;天气情况对最高气温的出现也有很大影响;通风对最高气温也有影响;日光温室内的最高气温在水平方向上也有差异,距前缘 1 m 远、80 cm 高处的最高气温比距前缘 3 m 处的气温平均高 1 ℃以上。在垂直方向上,室内上部气温比下部气温高 5 ℃以上;最高气温随季节发生变化。

三、保护地设施内温度的调节

（一）温度调节的原则

保护地设施内温度条件的调节要从多方面进行考虑,应遵循的基本原则如下。

1. 不同作物、不同生长发育期的温度调节

喜温植物如黄瓜、甜椒等在生长发育期需要较高的温度条件,而韭菜等耐寒植物在生长发育期需要的温度条件较低,二者要求的温度条件相差 6～8 ℃。同一作物在不同的生长发育期所需的温度也不相同。

2. 变温管理

在保护地设施内,应采用上午、下午、前半夜和后半夜四个阶段不同的温度调节管理的方法。

在四段温度管理中,白天是蔬菜光合作用的时间,要求较高的温度,晚上主要是物质的转运时间,为降低呼吸作用,应使温度低一些。所以温度的管理首先要保证白天、黑夜有一定的温度差距,即日较差,一般为 10 ℃左右。

(二) 气温调节

保护地设施内气温的调节包括增温与降温两方面。增温又分增加设施内的热量,提高温度,以及保持设施内的热量,保持温度两方面。常采用的措施如下。

1. 人工加温

温室、大棚内人工加温的方法很多,有火炉加温、热风炉加温、暖气加温、热水加温、日光收集加温等。

2. 降温

国内保护地设施内通常采用通风来降温。春季应逐渐减少覆盖的保温物,以降低夜温。当外界夜温度稳定在作物适宜温度范围内时,则可以彻夜通风。

【复习思考】

(1) 简述保护地设施内气温的水平分布规律。

(2) 简述保护地设施内气温的垂直分布规律。

任务 5 土壤温度、空气温度的测定

【任务目标】

使学生掌握观测植物群体所需土壤温度和空气温度的技术及有关仪器的使用方法,并对实验数据进行整理和科学分析。

【任务仪器与用具】

地面温度表、地面最高温度表、地面最低温度表、曲管地温表、干湿球温度表、最高温度表、最低温度表、计时表、铁锹、记录纸、记录笔、百叶箱。

【任务实施】

一、土壤温度的测定

(一) 地温表的安装

1. 地面温度表

在观测前 30 分钟,将地面温度表的感应部分和表身的一半水平地埋入土中,另一半露出地面,以便观测之用。

2. 地面最高温度表

安装方法与地面温度表相同。

3. 地面最低温度表

安装时先放头部,后放球部,基本上使表身水平地放置,但球部稍高。其他同地面温度表。

4. 曲管地温表

安装时,从东至西依次安好 5 cm、10 cm、15 cm、20 cm 曲管地温表,按一条直线放置,相距 10 cm。安装前选挖一条与东西方面成 30°角、宽 25～40 cm、长 40 cm 的直角三角形沟,北壁垂直,东、西壁向斜边倾斜。在斜边上垂直量出要测地温的土壤深度即可安装曲管温度表。

（二）土壤温度的观测

一般每天按北京时间 2:00、8:00、14:00、20:00 时观测四次或按 8:00、14:00、20:00 时观测三次。最高、最低温度表只在 8:00、20:00 时各观测 1 次。夏季最低温度可在 8:00 时观测。观测后,把最低温度表拿入室内或放入百叶箱中,以防曝晒。20:00 时重新调整安好,以备第二天观测用。土壤温度的观测程序为:地面温度—最高温度—最低温度—曲管地温。观测后做好记录。

二、空气温度的测定

观测空气温度的时间、次数与测土壤温度相同,常用仪器有干球温度表(普通温度表)、最高温度表和最低温度表。空气的最高、最低温度也在 20:00 时观测,观测后进行调查。安装时要把干球温度表球部朝下、垂直悬挂在百叶箱内铁架横梁的东侧,最高、最低温度表分别安放在支架下部的横梁上。

【任务报告】

1. 土壤温度的测定

根据观测资料,画出定时观测的土壤温度和时间的变化图,并求出日平均土温值。

2. 空气温度的测定

根据观测资料,画出定时观测的空气温度和时间变化图,并求出日平均气温值。

【任务小结】

总结学生实验情况,考查学生对不同种类温度表的认识及使用情况。

项目6 植物生长光环境调控

【项目目标】

掌握光合作用、呼吸作用、光能利用率等基本概念及意义,了解光合作用、呼吸作用的主要过程及其影响因素,提高光能利用率的途径,呼吸作用与农产品储藏的关系。

【项目说明】

太阳表面以电磁波的形式不断释放的能量,称为太阳辐射或太阳光。绿色植物将太阳能转化成化学能储存于植物体内,这一过程是生物圈与太阳能发生联系的唯一环节,也是生物圈赖以生存的基础。同时,太阳辐射又温暖了地球表面,使生物能够生长、发育和繁衍,并对生物的分布起着重要作用。因此,光和温度组成了地球上的能量环境。

任务1 植物的光合作用

【任务重点】

光合作用的机理,影响叶绿素形成的环境因素。

【任务难点】

影响光合作用的环境条件,光能利用率不高的原因,提高光能利用率的途径。

【任务内容】

植物区别于动物的特征之一就是植物无须摄取现成的有机物,而是通过它的根、茎、叶乃至整个植物体从环境中吸收水、二氧化碳、矿质元素和太阳光能,利用体内特定的生理过程,把这些无机物转化为有机物,变成自身的营养物质。所以,绿色植物都是自养型的。光合作用也称为碳素同化作用,就是绿色植物利用日光能,把 CO_2 和 H_2O 同化为有机物,释放出 O_2,同时储存能量的过程。

一、太阳辐射与光

1. 太阳辐射

太阳以电磁波或粒子的形式向外释放的能量叫作太阳辐射。太阳在单位时间内通过或到达地球任一表面的辐射能,叫作太阳辐射通量。单位面积上的太阳辐射通量叫作太阳辐照度。当地球与太阳相距为日地平均距离时,在大气上界垂直于太阳光的太阳辐照度的多年平均值叫作太阳能量辐射常数,数值约为 $1\ 367\ W \cdot m^2$。由于太阳辐射穿过大气时发生吸收、散射和反射等作用而被减弱,所以,地面上的太阳辐照度值总是小于太阳辐射常数值。

2. 太阳光谱

太阳辐射能随波长的分布,称为太阳辐射光谱。太阳辐射光谱是由不同波长组成的连续光谱,它主要包括紫外线、可见光和红外线三部分。红外线波长最长,紫外线波长最短,可见光波长居中,它们对植物的生长发育起着不同的作用。

对植物光合作用有效的光谱成分,称为光合有效辐射,波长为 380~710 nm。光合有效辐射约为太阳总辐射的 1/2。

二、叶绿体与光合色素

叶绿体存在于叶肉组织和其他绿色组织细胞中,是植物进行光合作用的场所。

1. 叶绿体的基本结构

叶绿体的外部是由两层单位膜围成的被膜,被膜以内是透明的基质,基质里悬浮着粒状结构,叫作基粒。基粒由类囊体垛叠而成,类囊体是由单层单位膜围成的扁平具穿孔的小囊,组成基粒的类囊体叫作基粒片层,连接基粒的类囊体叫作基质片层。构成类囊体的单位膜上分布有大量的光合色素,可吸收和传递光能。叶绿体的基质内含众多的酶,是合成有机物的重要场所。

2. 光合色素的种类

高等植物叶绿体含有的光合色素主要有两大类:叶绿素和类胡萝卜素。叶绿素有叶绿素 a、叶绿素 b、叶绿素 c 和叶绿素 d 四种。叶绿素分子中含有双键,因而具有吸光性,叶绿素分子的吸收光谱是红光部分(640~660 nm)和蓝紫光部分(430~450 nm)。由于叶绿素对绿色光吸收最少,所以叶绿素溶液呈现绿色,植物叶片呈绿色也是这个道理。类胡萝卜素包括胡萝卜素和叶黄素,胡萝卜素能够吸收光能,也能对叶绿素起保护作用。秋天,叶绿素破坏,叶黄素显露出来,这就是叶子变黄的主要原因。

3. 影响叶绿素形成的环境因素

影响叶绿素形成的环境因素主要有光照、温度、营养元素、氧气和水分。叶绿素的合成必须在有光的条件下才能完成,这是黑暗中形成黄化幼苗的原因。温度主要影响酶的活性,叶绿素合成的最低温度为 2~4 ℃,最适温度为 30 ℃,最高温度为 40 ℃。营养元素 Fe、Cu、Zn、Mn 对叶绿素合成具有催化作用。氧气是植物进行呼吸作用的必要条件之一。水则是一切生命活动的介质。

三、光合作用的机理

光合作用是一系列光化学、光物理和生物化学转变的复杂过程。光合作用总体来说分两步进行,第一步需要光,称为光反应,它通过原初反应、电子传递与光合磷酸化,吸收太阳光能转换为电能,再形成活跃的化学能,储存在 ATP 和 NADPH 中,这一过程是在叶绿体的基粒片层上完成的,它随着光强的增大而加速。第二步不需要光,称为暗反应,它通过二氧化碳同化,吸收 CO_2 和 H_2O 合成有机物,同时将活跃的化学能转变为稳定的化学能,储藏在这些有机物分子的化学键当中,成为植物体的组成物质,这一过程是在叶绿体的基质中进行的,它随温度的升高而加快。

（一）原初反应

原初反应是光合作用的起点,是光合色素吸收光能所引起的一系列物理化学反应,速度快,与温度无关。原初反应包括光能的吸收、传递和光化学反应。

（二）电子传递与光合磷酸化

高能电子在一系列电子传递体之间移动,释放能量并通过光合磷酸化将释放出来的电

能转化为活跃的化学能。作为能量载体的电子是从水分子中夺取的,水分子失去电子,自身分解放出氧气,这是光合作用所释放的氧气的来源。

经过上述变化之后,由光能转变而来的电能进一步形成活跃的化学能,暂时储存在ATP和NADPH之中,它们将用于CO_2的还原,进一步形成各种光合产物,把活跃的化学能转变为稳定的化学能储存在有机化合物之中。这样,ATP和NADPH就把光反应和暗反应联系起来了。通常把ATP和NADPH合起来称为同化力。

(三)二氧化碳的同化

二氧化碳同化在叶绿体的基质里进行,通过一系列的酶促反应,将CO_2和H_2O合成有机物(糖),同时把活跃的化学能转化为稳定的化学能(键能),储存在所生成的有机物的化学键中。二氧化碳的同化过程在有光和黑暗条件下均可进行。目前,已经明确高等植物的光合碳同化途径有三条,即C3途径、C4途径和景天酸代谢途径。C3途径是最基本的碳素同化途径,其他两种途径都必须经过C3循环才能把CO_2固定为光合产物糖。

1. C3途径(卡尔文循环)

C3途径是光合作用碳转变的基本途径,这个途径现在也称为光合碳还原循环或还原的磷酸戊糖循环。整个循环可分为三个阶段,即羧化阶段、还原阶段、再生阶段。

在整个卡尔文循环中,要固定6分子的CO_2,即循环6次才能合成1分子的己糖磷酸。每循环一次,需要消耗3分子的ATP和2分子的NADPH。

2. C4途径(C4二羧酸途径)

具有C4途径的植物在光合作用中最初的CO_2受体是磷酸烯醇式丙酮酸(PEP),PEP在PEP羧化酶作用下与14分子的CO_2结合形成草酰乙酸。由于固定CO_2后的最初产物是C4化合物而不是C3化合物,因而称为C4途径,具有C4途径的植物称为C4植物。

(四)光合作用的产物

光合作用的产物主要是糖类,包括单糖(葡萄糖和果糖)、双糖(蔗糖)和多糖(淀粉),其中以蔗糖和淀粉最为普遍。

实验证明,光合作用也可直接形成氨基酸、脂肪酸等,因此应该改变过去认为碳水化合物是光合作用的唯一直接产物的认识。

四、光合作用的影响因素及生产潜力

植物的光合作用和其他生命活动一样,经常受到外界条件和内在因素的影响而不断地发生变化。

(一)影响光合作用的环境条件

1. 光呼吸

植物的绿色细胞在光照条件下吸收氧气、放出二氧化碳的过程称为光呼吸。降低光呼吸是提高光合作用的途径之一。

2. 光照

在一定范围内,光合速率随光照强度的增加而增加,但达到一定数值时,光合速率便达到最大值,此后,即使光照强度继续增加,光合速率也不再提高,这种现象称光饱和现象。开始达到光饱和现象时的光照强度称为光饱和点。

当光照强度较高时,植物的光合作用比呼吸作用要高若干倍。当光照强度下降时,光合作用与呼吸作用均随之下降,但光合作用下降得较快。光照强度下降到一定数值时,光合作用吸收的 CO_2 量与呼吸作用放出的 CO_2 量相等,表观光合速率等于零,此时的光照强度称为光补偿点。在光补偿点时,植物叶片制造的有机物与呼吸消耗的有机物相等,因而没有积累。

3. 二氧化碳

在一定范围内,植物的光合速率随环境中 CO_2 浓度的增加而增加,但达到一定程度时再增加 CO_2 浓度,光合速率也不再增加,此时环境中 CO_2 的浓度称为二氧化碳饱和点。

现在空气中 CO_2 的浓度约为 330 mg/kg,远不能满足植物光合作用的需要,因此增加环境中 CO_2 的浓度(进行 CO_2 施肥,改善透气条件,施用有机肥)是提高作物产量的有效途径之一。

4. 温度

温度主要影响酶的活性,植物的光合作用有一定的温度三基点(最低温、最适温、最高温)。光合作用的最低温(冷限)和最高温(热限)是指在该温度下,CO_2 的吸收和释放速度相等,光合速率等于零。在光合最适温时,光合速率最大。

5. 水分

水是光合作用的原料之一,水分的多少还可影响植物体内的激素水平,通过激素控制气孔的开闭,影响光合作用的快慢。

6. 矿质元素

矿质元素可直接或间接地影响光合作用。N、P、S、Mg 是叶绿素的组成成分,Mn、Cl、Fe、Cu、Zn 影响着光合电子传递和光合磷酸化,K 影响着气孔的开闭,K、P、B 影响着光合产物的运输和转化。所以,合理施肥对保证光合作用的顺利进行是非常重要的。

(二) 光能利用率不高的原因

1. 植物光能利用率和产量的关系

植物光能利用率是指在单位土地面积上,植物光合产物中储存的能量占植物光合期间照射在同一地面上太阳总能量的百分率。植物的光能利用率是很低的,一般植物的光能利用率约为 1%,森林植物的光能利用率大概只有 0.1%。

2. 光能利用率低的原因

光能利用率主要受太阳辐射、漏光损失、反射及透射损失、蒸腾损失和环境条件不适的影响。

光能利用率低的原因主要有:温度过低或过高影响酶的活性;CO_2 供应不足,使光合速率受到限制;肥料不足或施用不当,影响光合作用的进行或使叶片早衰等。

(三) 提高光能利用率的途径

提高光能利用率的途径主要有增加光合面积;延长光合时间,如延长生长发育期,提高复种指数等;提高光合效率。

目前,主要是通过栽培措施来提高作物的光合利用率。例如:通过水(灌溉)、肥(主要是氮肥)调控作物的长势,使其尽早达到适宜的叶面积系数;提高田间 CO_2 浓度(大棚或温室施放干冰,田间增施有机肥等);降低作物的光呼吸。

五、保护地设施内光照的特点、利用和调节

1. 保护地设施内光照的特点

保护地设施内的光照强度由于受透光和不透光覆盖物及支架的遮挡,以及人工管理的差异,与露地光照强度有极大的差异。首先,保护地设施内的光照强度与露地的光照强度是呈正相关的。其次,保护地设施内的光照强度取决于保护地设施的透光覆盖材料的透光率和设施的结构、骨架、方位等。总的来看,大部分保护地设施内的光照强度都大大低于露地,一般为露地光照强度的 $60\% \sim 80\%$。

2. 保护地设施内光照的利用和调节

保护地设施内,在主要的栽培季节——冬季或早春季节,光照条件是非常不良的,光照强度低、时间短、光质差。因此,充分利用和合理调控光照条件是十分重要的。保护地设施内光照的利用和调节方法有作物的合理布局、保护地设施的方位、保护地设施的结构和材料、保护地设施的操作管理、光质的调节、补光和遮光等。

【复习思考】

（1）简述影响叶绿素形成的环境因素。

（2）简述影响光合作用的环境条件。

（3）简述光能利用率不高的原因。

任务 2　植物的呼吸作用

【任务重点】

呼吸作用的生化过程,呼吸作用的意义及类型。

【任务难点】

影响呼吸作用的环境条件,呼吸作用的调节,呼吸作用的应用。

【任务内容】

一、呼吸作用的类型、意义及指标

（一）呼吸作用的类型

生活细胞内的有机物质,在酶的催化下进行氧化分解,产生二氧化碳和水,并释放出大量能量的过程称为呼吸作用。被呼吸作用氧化分解的有机物主要是糖类（碳水化合物）,常被称为"呼吸底物",呼吸底物的分解也称为降解。伴随着呼吸作用的进行,植物重量减轻,同时有大量的能量和 CO_2 释放出来。

1. 有氧呼吸

生活细胞吸收大气中的氧气,将体内的有机物彻底氧化分解,形成 CO_2 和 H_2O 并释放能量的过程称为有氧呼吸。

2. 无氧呼吸

生活细胞在不吸收氧气的情况下,体内有机物不能彻底氧化,从而形成不彻底的氧化产物并释放能量的过程称为无氧呼吸。

（二）呼吸作用的生理意义

呼吸作用可作为生命活动的重要指标，提供植物生命活动所需要的能量；呼吸作用可为其他有机物的合成提供原料；呼吸作用还可提高植物的抗性。总之，呼吸作用是植物有机体普遍进行的生理过程，它是代谢的中心，它同所有的代谢过程都有密切关系，因此，呼吸作用的强弱必然会影响植物的生长发育，从而影响农作物的产量和品质。

（三）呼吸作用的生理指标

1. 呼吸强度

呼吸强度是衡量呼吸作用强弱、快慢的一个指标，呼吸强度也称为呼吸速率或呼吸率。以单位重量（鲜重或干重）在单位时间内释放 CO_2 的量、吸收 O_2 的量或干鲜重损失量的多少来表示。

2. 呼吸商

植物组织在一定时间内释放的 CO_2 量与吸收的 O_2 量的比值称呼吸商或呼吸系数。糖被完全氧化时，其呼吸商为 1；脂类比糖还原程度高，脂类的吸呼商小于 1，为 $0.7\sim0.8$；有机酸由于含氧相对较多，所以其呼吸商大于 1。如上所述，当底物完全被氧化时，可以用呼吸商值测出呼吸底物的性质。

二、呼吸作用的生化过程

植物体内的有机物首先被分解为葡萄糖，由葡萄糖开始进入呼吸代谢。呼吸作用的整个过程可以分为两个阶段：① 有机物的分解，通过三种不同的代谢途径（糖酵解、三羧酸循环、磷酸戊糖途径）将葡萄糖分解为 CO_2 和 H_2O，同时形成 ATP 和其他能量；② 电子传递与氧化磷酸化，即生物氧化过程，电子在呼吸链各电子传递体间传递，释放能量，并通过氧化磷酸化作用，形成 ATP，满足植物体新陈代谢的需要。

1. 糖酵解（EMP 途径）——无氧呼吸

糖酵解是指葡萄糖直接分解为丙酮酸的过程，在植物的细胞质内进行。

2. 糖酵解-三羧酸循环（EMP-TCA）——有氧呼吸

有氧呼吸是生活细胞在氧气的参与下，把有机物彻底氧化为 CO_2 和 H_2O，同时释放能量的过程。糖酵解过程在细胞质内进行，三羧酸循环过程在线粒体内进行。底物通过有氧呼吸分解，不但能形成 ATP，还能产生其他能量。

3. 磷酸戊糖途径（HMP 或 PPP 途径）——有氧呼吸支路

磷酸戊糖途径是植物有氧呼吸的一条辅助途径，在细胞质内进行，磷酸戊糖是该途径的中间产物，这种呼吸作用的结果是形成 NADPH。

三、呼吸作用的影响因素及调控应用

表示植物呼吸高低的生理指标是呼吸强度，以单位重量在单位时间内释放的 CO_2 的量、吸收的 O_2 的量来表示。

（一）影响呼吸作用的环境条件

1. 温度

温度对呼吸作用影响的规律是：在最低温度与最适温度之间，呼吸强度随温度的升高而加快；超过最适温度后，呼吸强度随温度的升高而降低。呼吸作用进行得最快且持续时间最长时的温度就是呼吸最适温度，大多数温带植物的呼吸最适温度为 25～35 ℃。

2. 氧气和二氧化碳

氧气是植物正常呼吸的重要因子，植物的呼吸强度随 O_2 浓度的升高而增大。CO_2 约占大气成分的 0.03％。当 CO_2 含量高于 5％时，呼吸作用就会受到抑制；当 CO_2 含量达到 10％时，会导致植物死亡。

3. 水分

水是生物化学反应的介质，细胞的含水量对呼吸作用的影响很大，在一定范围内呼吸强度随含水量的增加而增加。

4. 机械伤害

机械伤害会显著加快植物组织的呼吸强度。

5. 农药

植物的呼吸作用受到各种农药的影响，包括杀虫剂、杀菌剂、除草剂与生长调节剂，它们的影响很复杂，有的促进呼吸作用，有的抑制呼吸作用，在农药使用上一定要注意这些问题。

（二）呼吸作用的调控

1. 巴斯德效应

巴斯德效应是指氧抑制乙醇发酵的现象，因为是由法国微生物学家巴斯德首次发现而得名。

2. 能荷的调控

细胞中储存能量的化合物主要是腺苷酸类化合物，如 AMP、ADP、ATP。能荷的数值在 0～100％范围内变动，通常细胞的能荷保持在 80％。低能荷能加速 ATP 合成作用，减慢 ATP 利用过程，将能荷水平提高；反之，高能荷能将能荷水平降低。这样就对呼吸代谢起着调控作用。

（三）调控呼吸作用的应用

调控呼吸作用对于作物生长发育、有机物运输分配、经济产量形成，以及农产品的储藏和保鲜等具有重要意义。

1. 调控呼吸作用在作物栽培管理中的应用

种子萌发是植物有机体表现生命活动极为强烈的一个时期，特别是种子吸水后，呼吸作用和酶的变化相当明显。一般种子在萌发过程中，呼吸强度的变化包括四个阶段：急剧上升—滞缓—再急剧上升—显著下降。总的趋势是呼吸作用不断加强。

2. 调控呼吸作用在农产品储藏中的应用

1）粮油种子的储藏

在储藏过程中，必须降低呼吸强度，确保安全储藏。要使粮油种子安全储藏，则种子必须呈风干状态。种子含水量为 8％～16％（因种子而异）时，可称为安全含水量，又称为临界含水量。

2）果蔬的储藏

在果实成熟之前,呼吸强度有明显的上升趋势,出现一个呼吸高峰,称为呼吸跃变。对这样的果实应采取措施减弱其呼吸作用,推迟或降低呼吸高峰,以延长储藏期。

3）植物的抗病性与呼吸作用的关系

植物受到病原物侵染后,被侵染植物的呼吸作用通常都会增强。

【复习思考】

（1）影响呼吸作用的环境条件有哪些？

（2）呼吸作用的调节方法有哪些？

（3）呼吸作用在农业生产上的应用有哪些？

任务 3　提高植物光能利用率的途径

【任务重点】

光能利用率不高的原因及提高光能利用率的途径。

【任务难点】

提高光能利用率的途径。

【任务内容】

一、植物的光合性能与产量

（一）作物的产量构成因素

决定作物产量的因素有叶面积、光合强度、光合时间、呼吸消耗的能量和经济系数等。这里重点介绍叶面积和光合时间。

1. 叶面积

通常以叶面积系数来表示叶面积的大小。在一定范围内,叶面积越大,光合作用积累的有机物质越多,产量也就越高。

2. 光合时间

适当延长光合作用的时间,可以提高作物产量。当前主要采取选用中晚熟品种、间作套种、育苗移栽、地膜覆盖等措施,使作物能更有效地利用生长季节,达到延长光合时间的目的。

（二）作物光能利用率

目前作物的光能利用率普遍不高。据测算,只有 $0.5\%\sim1\%$ 的辐射能用于光合作用。低产田作物的光能利用率只有 $0.1\%\sim0.2\%$,而丰产田的光能利用率也只有 3% 左右。

（三）作物群体对光能的利用

作物群体比个体更能充分利用光能。在群体的结构中,叶片彼此交错排列、多层分布,使各层叶片的透射光可以反复地被吸收利用。

二、提高植物光能利用率的途径

（一）植物光能利用率不高的原因

1. 漏光

植物在幼苗期,叶面积小,大部分阳光会直射到地面上而损失掉。

2. 受光饱和现象的限制

光照度超过光饱和点以上的部分,植物就不能吸收利用,植物的光能利用率就随着光照强度的增加而下降。

3. 环境条件及作物本身生理状况的影响

自然干旱、缺肥、CO_2浓度过低、温度过低或过高,以及作物本身生长发育不良或受病虫危害等,都会影响作物光能利用率。

（二）提高作物光能利用率的途径

1. 选育光能利用率高的品种

光能利用率高的品种特征是:矮秆,抗倒伏,叶片分布较为合理,叶片较短且直立,生长发育期较短,耐阴性强,适于密植。

2. 合理密植

合理密植是提高作物产量的重要措施之一。只有合理密植,增大绿叶面积,以截获更多的太阳光,才能提高作物群体对光能的利用率,同时还能充分地利用地力。

3. 间作套种

间作套种可以充分利用作物生长季节的太阳光,增加光能利用率。

4. 加强田间管理

加强田间管理可提高作物群体的光合作用,减少呼吸消耗;整枝、修剪,可调节光合产物的分配;增加空气中的CO_2浓度也能提高作物对光能的利用率。

【复习思考】

（1）什么叫光能利用率?植物光能利用率不高的原因有哪些?

（2）光能利用率高的品种有哪些特征?

（3）提高植物光能利用率的途径有哪些?

项目7 植物生长营养环境调控

【项目目标】

掌握植物必需营养元素的种类,主要营养元素的生理作用及植物营养缺乏症的诊断,以及常用微量元素肥料、生物肥料、复合肥料的种类、特点及施用方法。了解影响植物吸收养分的环境条件和主要营养元素在土壤中的状况。

【项目说明】

植物的组成十分复杂。一般新鲜植株含有 $75\%\sim95\%$ 的水分和 $5\%\sim25\%$ 的干物质。如果将干物质燃烧,其中的碳、氢、氧、氮等元素以二氧化碳、水、分子态氮和氮的氧化物形式跑掉,留下的残渣称为灰分。因此,植物必需的营养元素除碳、氢、氧外,可以分为氮及灰分元素两大类。到目前为止,已在植物体内发现的化学元素有 70 多种,但是,这些化学元素在植物体内含量不同,而且这些元素不一定就是植物生长所必需的。

任务 1　植物生长与营养概述

【任务重点】

植物的营养元素及其生理作用,植物对养分的吸收。

【任务难点】

植物的营养元素及其生理作用,主要作物各生长期的营养特点,土壤中氮、磷、钾的含量及存在形态,土壤中的氮素转化,土壤中的氮素循环,土壤中的磷素转化,土壤中的钾素转化。

【任务内容】

一、植物的营养元素及其生理作用

（一）植物体内的化学元素

将新鲜植物烘干后剩下的干物质中,绝大部分是有机化合物,约占 95%,其余的 5% 左右是无机化合物。干物质经燃烧后,有机物被氧化分解并以气体的形式逸出。据测定,以气体的形式逸出的主要是 C、H、O、N 四种元素,残留下来的灰分的组成却相当复杂,包括 P、K、Ca、Mg、Cl、Si、Na、Co、Al、Ni、Mo 等 60 多种化学元素。

（二）植物的必需营养元素

1. 判断植物必需营养元素的标准

植物的必需营养元素应符合以下三个标准。

（1）这种元素是完成植物生活周期所不可缺少的,能维持植物的正常生长发育。

（2）当缺乏这种元素时，植物将呈现专一的缺素症，其他化学元素都不能代替，只有补充该元素后才能恢复。

（3）这种元素在植物营养上具有直接作用的效果，而不是由于它改善了植物生活条件所产生的间接效果。

2. 植物的必需营养元素的种类

到目前为止，确定了植物生长发育所必需的营养元素共有 16 种，它们是 C、H、O、N、P、K、Ca、Mg、S、B、Mn、Mo、Zn、Cu、Fe、Cl。根据植物对这 16 种必需营养元素需要量的不同，又可将其分为大量营养元素和微量营养元素，大量营养元素主要是指 C、H、O、N、P、K、Ca、Mg、S 等，微量营养元素主要是指 B、Mn、Mo、Zn、Cu、Fe、Cl 等。

其中，N、P、K 三种营养元素由于植物的需要量大，而土壤中含量低，常常需要通过施肥来加以补充，因此被称为植物营养三要素或肥料三要素。

3. 营养元素的同等重要律和不可代替律

植物体内必需的营养元素在植物体内不论数量的多少，都是同等重要的；任何一种营养元素的特殊功能都不能被其他元素所代替。这就是营养元素的同等重要律和不可代替律。

（三）各种必需营养元素的生理作用

1. 氮在植物体内的生理作用

氮在植物体内的生理作用主要有：氮是蛋白质和核酸的组成成分，蛋白质和核酸是生命的最基础物质，没有氮素就不能合成蛋白质和核酸，也就没有生命；氮也是叶绿素和酸的组成成分。

此外，植物体内的一些维生素如 B_1、B_2、B_6 等都含有氮素。生物碱如烟碱、茶碱等也含有氮素。

2. 磷在植物体内的生理作用

磷在植物体内的生理作用主要有：磷是植物体内许多重要化合物的组成成分；磷对植物体内的各种代谢过程具有重要作用；磷能提高植物的抗逆性和植物的缓冲能力。

3. 钾在植物体内的生理作用

钾在植物体内的生理作用主要有：钾是植物体内酶的活化剂，能促进光合作用，促进糖代谢，促进蛋白质合成，促进脂肪代谢，提高植物的抗逆性。

4. 钙、镁、硫在植物体内的生理作用

钙、镁、硫在植物体内的生理作用主要有：钙是细胞壁的结构成分，对于提高植物保护组织的功能和提高植物产品的耐储性具有积极的作用；镁是叶绿素的构成元素；硫是蛋白质的组成成分。

二、植物对养分的吸收

（一）根对养分的吸收

1. 根吸收养分的部位

据对植物离体根的研究得知，根部吸收养分最多的部位是根尖的分生区。根部的另一个重要的吸收部位是根毛，它是根系强烈吸收水分的区域，同时也大量吸收养分，而根毛的出现，也大大增加了根系的吸收面积。

2. 根系吸收的养分的形态

植物根系吸收的养分的形态有气态、离子态和分子态。植物根系也可以吸收少量的分子态有机养分,但只能吸收一些小分子有机物,如尿素、氨基酸、酰胺、生长素、维生素和抗生素等。

3. 土壤养分的迁移

土壤养分被根系吸收,首先是养分与根系接触,土壤养分一般以截取、离子扩散、质流三种方式向根表面迁移,来完成这种接触过程。

4. 根部对无机养分的吸收

无机离子和根表接触以后,必须通过三个步骤才能进入木质部向地上部分运输。第一步是进入自由空间,第二步是通过原生质膜,第三步是进入木质部导管。

(二)叶片对养分的吸收

除根部以外,植物还可以通过叶片或幼茎等器官吸收养分,这个过程称为根外营养或叶部营养。

1. 根外营养的机理

根外营养主要是指叶片对有机及无机养分的吸收和叶片对 CO_2 的吸收。

2. 叶部营养的特点

叶部营养的特点如下。

(1)直接供给植物吸收养分,可防止养分在土壤中的固定。

(2)叶部对养分的吸收转化比根部快,能及时满足植物的需要。

(3)叶部营养直接影响植物的体内代谢,有促进根部营养、提高产量和改善品质的作用。

(4)叶部营养是经济、有效施用微肥的一种方式。

(三)营养元素间的相互关系

植物对某离子的吸收,除了受环境因素的影响之外,还受其他离子作用的影响。营养离子间的相互关系可分为两种类型,即离子间的拮抗作用和协助作用。

(四)影响植物吸收养分的环境条件

1. 影响根系吸收养分的环境条件

影响根系吸收养分的环境条件有温度、土壤酸碱反应、土壤水分、植物根的营养特性等。

2. 影响叶部营养的条件

影响叶部营养的条件有溶液的组成、溶液的浓度及反应、溶液湿润叶片的时间、叶片类型等。

三、作物各生长期的营养特点

(一)作物营养的阶段性

一般作物吸收三要素的规律是:生长初期吸收的数量和强度都较低,随着生长期的推移,对营养物质的吸收逐渐增加,到成熟阶段,又趋于减少。各种作物吸收的养分不仅具体数量不同,种类和比例也有所区别。

在营养期间,作物对养分的要求有两个极其重要的时期:一个是作物营养临界期,另一个是作物营养最大效率期。

1. 作物营养临界期

在作物生长发育过程中,常有一个时期,对某种养分的需求在绝对数量上虽不多,但很迫切,此时如缺乏这种养分,对作物的生长发育会造成极其明显的影响,以后也很难弥补损失,这一时期就是作物营养临界期。

2. 作物营养最大效率期

在作物生长发育过程中,还有一个时期,作物需要养分的绝对数量最多,吸收速率最快,所吸收的养分能最大限度地发挥其生产潜能,增产效率最高,这一时期就是作物营养最大效率期。作物营养最大效率期往往在作物生长的中期,此时作物生长旺盛,从外部形态上看,生长迅速,作物对施肥的反应最为明显。

(二)水田作物各生长期的营养特点

水田作物主要是水稻,水稻生长期可分为营养生长期、生殖生长期和结实成熟期。

(三)旱田作物各生长期的营养特点

1. 玉米

玉米是广泛种植的高产、稳产作物,其营养期可分为苗期-拔节期、抽穗-吐丝期、乳熟-完熟期。

2. 小麦

小麦的营养期可分为幼苗分蘖期、拔节孕穗期、抽穗开花期和灌浆成熟期。冬小麦还有一个越冬返青期。

(四)蔬菜作物的营养特点

蔬菜作物的营养特点主要有:蔬菜属于喜肥作物,蔬菜喜钙及喜硝态氮,蔬菜要求土壤有机质含量高,蔬菜吸硼量较高等。

(五)花卉作物的营养特点

花卉作物的生长具有连续性,所以是否施肥,施多少肥还需"见势而定",据此,花农总结出"四多、四少、四不、三忌"的施肥方法。

(1)四多:缺肥多施,发芽前多施,孕蕾期多施,花后多施。

(2)四少:肥足少施,发芽时少施,开花时少施,雨后少施。

(3)四不:徒长不施,新栽不施,盛暑不施,休眠不施。

(4)三忌:忌施浓肥,忌夏季高温施肥。

四、土壤养分

(一)土壤中的氮

1. 土壤中氮的含量

作物体内氮的含量约占植株干重的 1.5%,但在土壤中含量一般只有 0.1%~0.3%,甚至更少。土壤中氮素含量与土壤有机质含量呈正相关。一般土壤的全氮量为有机质含量的 10%~50%。

2．土壤中氮的形态

土壤中氮的形态可分无机态和有机态两大类。

1）无机态氮

无机态氮主要为铵盐和硝酸盐，有时也有极少量的亚硝酸盐。

2）有机态氮

土壤中的氮绝大部分为各种有机态的氮，按其溶解性大小可分为三类。

（1）水溶性有机氮。水溶性有机氮包括游离的氨基酸、胺盐、酰胺等。

（2）水解性有机氮。凡用酸、碱或酶处理土壤时，能水解成简单、易溶性化合物或直接形成铵化合物的均为水解性有机氮，包括蛋白质、多肽类、核蛋白类、氨基糖等。

（3）非水解性有机氮。这类有机态氮，既不能水溶，也不能用一般的酸碱处理来促使其水解，属于迟效养分，一般认为它包括杂环态氮化物、糖类和胺类的缩合物、胺或蛋白质和木质素物质作用而成的复杂环状结合物。

3．土壤中的氮素转化

土壤中的氮素转化包括有机态氮的矿化、含氮有机化合物的转化、含氮无机化合物的转化。土壤中含氮无机化合物的转化过程因环境条件不同而异，既有铵态氮氧化成硝态氮的硝化过程，也有硝态氮还原成分子态氮的反硝化过程。

4．土壤中的氮素循环

1）土壤中氮素的来源

施肥：包括化肥、各种有机肥及动植物残体。

生物固氮：每亩豆科绿肥每年可固氮 $4\sim9$ kg。

2）土壤中氮的损失途径

土壤中氮的损失途径有氨的挥发、硝态氮的淋失、反硝化脱氮损失等。

（二）土壤中的磷

1．土壤中磷的含量

磷在土壤中的含量（以 P_2O_5 计）占土壤干重的 $0.03\%\sim0.35\%$，而能被植物利用的速效磷含量则更少，多者也不过 $20\sim30$ mg/kg。

2．土壤中磷的形态

土壤中的含磷物质可分为有机态磷和无机态磷两大类。其中，有机态磷占全磷量的 $10\%\sim50\%$。当有机质含量小于 1% 时，有机磷占全磷含量的 10% 以下；当有机质含量为 $2\%\sim3\%$ 时，有机磷占全磷含量的 $25\%\sim50\%$。

1）有机态磷

土壤中含磷的有机化合物主要有核蛋白、核酸、磷脂和植素，大多属难溶性物质，一般不经微生物作用，就可以被作物吸收利用。

2）无机态磷

土壤中的无机态磷种类很多，根据其溶解难易和对作物有效程度可分为三类。

（1）水溶性磷。水溶性磷主要指能溶于水的碱金属和碱土金属的磷酸盐和磷酸铵盐、钠盐等。这些磷酸盐溶于水后，磷素营养以 $H_2PO_4^-$ 和 HPO_4^{2-} 的离子形态存在，作物可直接吸收利用，属于有效磷。

（2）弱酸溶性磷。不溶于水，但能溶于碳酸、柠檬酸等弱酸的磷酸盐称为弱酸溶性磷，

主要成分是 $CaHPO_4$ 和 $MgHPO_4$ 等，也属于有效磷。

（3）难溶性磷。这类含磷化合物既不溶于水，也不溶于弱酸，如氟磷灰石 $[Ca_5(PO_4)_3F]$、羟基磷灰石 $[Ca_5(PO_4)_3OH]$、$AlPO_4$、$Ca_3(PO_4)_2$，难溶性磷都属于迟效养分，作物一般不能直接吸收。

3. 土壤中的磷素转化

土壤中的磷素转化包括含磷有机化合物的矿质化、难溶性无机磷酸盐的有效化、有效性无机磷的无效化。难溶性无机磷酸盐的有效化过程通常叫作磷的释放。在中性和酸性土壤中，难溶性磷酸盐借助于作物的呼吸作用所释放出来的 CO_2 和有机质分解所产生的有机酸，可逐步转变为弱酸溶性或水溶性磷酸盐。有效性无机磷的无效化过程通常叫作磷的固定。

（三）土壤中的钾

1. 土壤中钾的含量

土壤中钾的含量比氮、磷丰富得多，通常为土壤干重的 $0.5\%\sim2.5\%$（以 K_2O 计），辽宁土壤全钾量为 $1.6\%\sim3.4\%$，以 $2.0\%\sim2.8\%$ 居多。速效钾含量为 $100\sim150\ mg/kg$ 的土壤占总耕地的 50.5%，速效钾含量在 $90\ mg/kg$ 以下的土壤占总耕地的 20%。

2. 土壤中钾的形态

土壤中钾的主要形态为无机态，一般可以分为以下三种。

1）土壤速效钾

土壤速效钾也称为效钾，其含量一般只占全钾量的 $1\%\sim2\%$，它是作物能够直接吸收利用的钾素营养，包括土壤溶液中的游离态钾和土壤胶体上的吸附态钾。

2）土壤缓效钾

土壤缓效钾也称为非交换性钾，主要存在于黏土矿物的晶格层间，有的矿物中本身就含有钾，如水化云母和黑云母等。

3）矿物态钾（难溶性钾）

矿物态钾主要存在于难溶于水的含钾矿物中，它是土壤钾素的主体，但未经转化时作物不能直接吸收利用，属于迟效养分。

3. 土壤中的钾素转化

土壤中的钾素转化包括矿物态钾的有效化、游离态钾的固定、胶体吸附固定、生物固定等。

（四）土壤中的微量元素

土壤中的微量元素有铁、锌、铜、锰、钼、硼等。

【复习思考】

（1）必需营养元素的生理作用有哪些？

（2）简述主要作物各生长期的营养特点。

任务 2　植物生长与氮、磷、钾肥的关系

【任务重点】

氮、磷、钾肥的种类、性质及其在土壤中的转化，氮、磷、钾肥的特点，氮、磷、钾肥的施用。

【任务难点】

氮、磷、钾肥的有效施用。

【任务内容】

一、肥料概述

（一）肥料的定义

凡施入土壤或通过其他途径能够为植物提供营养成分或改良土壤理化性质的、为植物提供良好生活环境的物质统称为肥料。

肥料是作物的粮食，是增产的物质基础。

（二）肥料施用方面存在的问题

目前，我国在肥料施用方面还存在很多问题。这些问题概括起来主要包括以下几个方面：重化肥，轻有机肥；重氮肥，轻磷、钾肥，忽视微肥；重产量，轻质量；施肥方法陈旧落后。

由此也带来了不良的后果：一是地力下降，影响农业的可持续发展；二是肥料利用率低，浪费严重，污染环境和地下水；三是成本高，效益低，农业收入增加缓慢，甚至停滞不前；四是高产低质，直接影响农产品的销售。

（三）化学肥料的特点

化学肥料是指用化学方法制造或者开采矿石，经过加工制造的肥料，也称为无机肥，包括氮肥、磷肥、钾肥、微肥、复合肥料等，具有以下一些特点。

1. 成分单纯

除复合肥外，一般只含一种主要营养元素，即使复合肥也只含有限的几种成分，与有机肥相比单纯得多。

2. 养分含量高

与有机肥相比，化肥的养分含量高得多。

3. 肥效快，肥劲猛

化肥多数为水溶性，极少数是弱酸溶性，易溶于水，因而见效快，肥劲猛，但持续时间短。

4. 某些肥料有酸碱反应

化肥的酸碱反应有两种类型。一种是化学酸碱反应，它是指肥料溶于水后，溶液的酸碱反应，如 NH_4HCO_3 呈碱性反应，过磷酸钙呈酸性反应等。另一种是生理酸碱反应，它是指肥料经植物选择吸收后，使土壤溶液产生的酸碱反应。$(NH_4)_2SO_4$、NH_4Cl、K_2SO_4、KCl 等施入土壤后，可使土壤溶液产生酸性反应，为生理酸性肥料；$NaNO_3$ 施入土壤后，可使土壤溶液产生碱性反应，为生理碱性肥料。

二、施肥原理

（一）最小养分律

植物为了生长必须要吸收各种养分，但是决定作物产量的却是土壤中那个相对含量最小的养分，作物产量在一定限度内随着这个因素的增减而相对变化，因而无视这个限制因素的存在，即使继续增加其他养分也难以再提高作物的产量。

（二）报酬递减律和米采利希学说

1. 报酬递减律

报酬递减律是指从一定的土壤中所获得的报酬随着向该土地投入的劳动力和资本数量的增加而增加,但随着投入的单位劳力和资本的增加,报酬的增加量却在逐渐减少。

2. 米采利希学说

米采利希学说的内容要点可归纳为以下两个方面。

（1）在其他技术条件相对稳定的前提下,随着施肥量的渐次增加,作物产量也随之而增加,但作物的增产量却随施肥量的增加而呈递减的趋势。

（2）如果一切条件都符合理想条件,作物将会出现某种最高产量,相反,只要任何一种主要因素缺乏时,产量都会相应地减少。

米采利希学说可用文字表述为:增加一单位某一生长因子所引起的作物产量的增长率,与该因子所能达到的最高产量与现有产量之差成正比。

三、氮肥与植物生长的关系

（一）作物对氮的同化

作物根系从土壤中吸收氮素的主要形态是 NO_3^- 和 NH_4^+,而亚硝酸根离子和某些水溶性有机含氮化合物对作物营养的意义均不大。铵态氮进入植物体以后,首先与酮酸作用生成氨基酸进而合成蛋白质,而硝态氮则必须先进行硝酸还原作用,转化为铵态氮以后,才能进一步被同化。

（二）氮肥的种类、性质及其施用

氮肥可分为铵态氮肥、硝态氮肥和酰胺态氮肥三种类型。凡氮肥中的氮素以 NH_4^+ 或 NH_3 的形式存在的即称为铵态氮肥;以 NO_3^- 的形式存在的称为硝态氮肥;凡含有酰胺基或在分解过程中产生酰胺基的氮肥称为酰胺态氮肥。氮肥的种类不同,其性质和施用方法也不同。

1. 硫酸铵

1）硫酸铵的性质

分子式为 $(NH_4)_2SO_4$,含氮量为 $20\% \sim 21\%$,纯硫酸铵为白色晶体,含有杂质时,可呈灰白色、淡黄色、棕色等,易溶于水,吸湿性小,便于储存和施用。硫酸铵为生理酸性肥料。

2）硫酸铵的施用

硫酸铵是一种广谱性氮肥,适用于一般土壤和各类作物,作基肥、追肥和种肥皆可。硫酸铵作基肥时,不论水田还是旱田,都应结合耕作进行深施,防止氮素损失,有利于植物吸收利用。硫酸铵作追肥时,石灰性土壤和碱性土壤的旱田一定要深施,对一般旱地也应尽量在施后覆土,以减少氨的挥发。水田追肥时应深施在耕作层中,使土壤和肥料相混合。硫酸铵用作种肥,具有用量少、效果大的优点,一般每亩用量 5 kg,掺 5~10 倍腐熟的有机肥或肥土一起施用,可采用条施或穴施的方法施在种子下方,注意中间隔土,尽量不与种子直接接触。当种子和肥料均干燥时,硫酸铵还可用作拌种,用量一般为每亩种子 2.5~5 kg。另外,硫酸铵还可用作水田沾秧根,按每亩 2.5~5 kg 硫酸铵和腐熟的有机肥或肥土加水调成糊状,随沾随栽,既节省肥料,又可集中施肥。

由于硫酸铵是生理酸性肥料,且易引起土壤板结,因此,在酸性土壤上长期单一施用时,应配合施用石灰,而在石灰性土壤上应配合施用有机肥料。

2. 氯化铵

1）氯化铵的性质

分子式为 NH_4Cl,含氮量为 $24\%\sim25\%$,白色或淡黄色晶体,不易吸湿结块,物理性状好,易溶于水,为生理酸性肥料。

2）氯化铵的施用

氯化铵可用作基肥和追肥,不宜用作种肥。其施用方法与硫酸铵相同,施用量比硫酸铵少 $1/5$。

目前,对氯化铵的施用,仍应注意安全,施用时,应注意以下几个方面。

（1）在降水量大或有灌溉条件的旱田中施用,一般无毒害作用,特别是在氯本底值低和有效磷高的土壤上施用一般是安全的。

（2）在水田上施用效果较好。不宜在盐碱地和低洼地上施用,否则会加重盐碱化。

（3）对某些忌氯作物,如棉花、烟草、甘蔗、马铃薯、葡萄、甜菜等不宜施用,否则会降低品质。若非施氯化铵不可时,则只能作基肥施用,待 Cl^- 被雨水淋洗掉以后再播种。

3. 碳酸氢铵

1）碳酸氢铵的性质

分子式为 NH_4HCO_3,含氮量为 $16.8\%\sim17.5\%$,为白色或淡黄色细粒结晶,易溶于水,但溶解度并不高,具有很强的吸湿性,吸湿后结成大块,表面形成一层溶液层。在常温下能自行分解,释放出 NH_3,特别是吸湿后,这种分解作用更为强烈,因此,存放碳酸氢铵的地方必须保持干燥。碳酸氢铵为化学碱性肥料,其水溶液的 pH 值为 $8.2\sim8.4$。

2）碳酸氢铵的施用

碳酸氢铵适用于各种土壤和作物,但不宜用在大棚蔬菜和果树上;宜用作底肥和追肥,不宜用作种肥和施在秧田里。

防止氨的挥发是合理施用碳酸氢铵的关键。其有效的施用方法有底肥深施、追肥条施或穴施、粒肥深施、球肥深施等。

4. 硝酸铵

1）硝酸铵的性质

分子式为 NH_4NO_3,含氮量为 $33\%\sim34\%$,其中硝态氮和铵态氮各占 50%,兼有两种形态氮素的特征。硝酸铵为白色晶体,极易溶于水,具有极强的吸湿性,在空气湿润或储存过久时,能吸湿溶解成液体。硝酸铵爆炸时放出大量氧气而引起剧烈燃烧,因此硝酸铵在储运和施用过程中,应避免高温和猛烈撞击;结块时,不能用铁锤敲打,而要用木棍碾碎。硝酸铵是化学中性、生理中性肥料。

2）硝酸铵的施用

硝酸铵宜施用于北方旱田,最适宜作追肥,一般每亩用量 $12\sim15$ kg。分多次施用效果更好,特别是在多雨地区,更应遵循“少量多次”的原则,以免淋失。由于用量较少,硝酸铵可与 2 倍的细土混匀后施用。

硝酸铵是烟草和蔬菜最合适的氮肥。蔬菜属喜硝态氮的作物,但元帅系列的苹果不宜施用硝酸铵。硝酸铵一般不用作种肥,硝酸铵一般也不用作基肥,因其易淋失,作基肥时,氮

素损失严重。硝酸铵不能与新鲜有机物堆沤,否则会造成反硝化作用而脱氮。

5. 尿素

1)尿素的性质

尿素学名为碳酰二胺,分子式为 $CO(NH_2)_2$,含氮量为 $42\%\sim46\%$,是固体氮肥中含氮量最高的一种,纯尿素为白色针状晶体,吸湿性强,易溶于水,水溶液为中性。农业用尿素要求其缩二脲含量不能超过 2%。

2)尿素的施用

尿素适用于各种土壤和作物。一般宜用作基肥和追肥,不宜用作种肥。

尿素作基肥在旱田施用时,应深施 12 cm 左右,施后覆土,以减少氮素的挥发损失。

尿素宜作旱田追肥,对玉米、高粱、谷子等作物可在拔节到孕穗时,穴施或沟施。施肥期与硫酸铵相比应提前 $4\sim5$ 天,深度为 10 cm 左右,最好与 2 倍细土混匀施用,以防因浓度大、用量少而施不均匀。尿素用作水田追肥时,水田应排水,保持浅水层,再结合耘田深施,施后的两三天不要灌水。

尿素还适合于作根外追肥,不同作物对喷施浓度各有一定的要求。含缩二脲 1% 以上的尿素,不宜作玉米、水稻喷肥;缩二脲超过 0.5% 时,不宜作麦类、果树、蔬菜喷肥。

（三）氮肥的合理分配与施用

1. 氮肥的合理分配

1)根据土壤条件分配

为了发挥单位肥料的最大增产效果和最高经济效益,首先必须将氮肥重点分配在中、低等肥力地区。碱性土壤可选用酸性或生理酸性肥料,如硫酸铵、氯化铵等;酸性土壤应选用碱性或生理碱性肥料,如硝酸钠、硝酸钙等。盐碱土不宜分配氯化铵。尿素适用于一切土壤。铵态氮肥宜分配在水稻地区,并深施在还原层;硝态氮肥宜分配在旱地上,不宜分配在雨量偏多的地区或水稻区。"旱发田"要遵循"前轻后重、少量多次"的原则,以防作物后期脱肥。

2)根据作物的氮素营养特点分配

首先,作物的种类不同,对氮素的需要量也不同,应将氮肥重点分配在经济作物和粮食作物上。其次,不同的作物对氮素形态的要求不同。最后,同一作物的不同生育时期,施用氮肥所达到的效果也不一样。

3)根据肥料本身的特性分配

铵态氮肥表施易挥发,宜作基肥深施覆土。硝态氮肥移动性强,不宜作基肥,更不宜施在水田,碳酸氢铵、氨水、尿素、硝酸铵一般不宜用作种肥,氯化铵不宜施在盐碱地和低洼地上,也不宜施在忌氯作物上。干旱地区宜分配硝态氮肥,多雨地区或多雨的季节宜分配铵态氮肥。

2. 氮肥的有效施用

氮肥的有效施用主要包括氮肥深施,氮肥与有机肥及磷、钾肥配合施用,氮肥增效剂的应用等。

四、磷肥与植物生长的关系

（一）作物体内磷的含量与分布

作物体内磷的重量,一般占干物质重量的 $0.2\%\sim1.1\%$,其中有机磷占 85% 左右,无机磷占 15％左右。当磷素营养不足时,作物体内的磷总是优先保证生长中心器官的需要,而缺磷的症状也总是从最老的器官开始表现出来的。

(二)常见磷肥的种类、性质及其施用

根据溶解度的大小和作物吸收的难易程度,通常将磷肥分为水溶性磷肥、弱酸溶性磷肥和难溶性磷肥三大类。凡能溶于水(指其中的含磷成分)的磷肥,称为水溶性磷肥,如过磷酸钙、重过磷酸钙;凡能溶于 2％柠檬酸或中性柠檬酸铵或微碱性柠檬酸铵的磷肥,称为弱酸溶性磷肥或枸溶性磷肥,如钙镁磷肥、钢渣磷肥、偏磷酸等;既不溶于水,也不溶于弱酸,而只能溶于强酸的磷肥,称为难溶性磷肥,如磷矿粉、骨粉等。

1. 过磷酸钙

1)过磷酸钙的成分和性质

过磷酸钙一般为灰白色粉末,稍有酸味,主要成分为水溶性磷酸一钙和微溶性的石膏,含有效磷(以 P_2O_5 计)14％～20％。过磷酸钙还含有 50％左右的硫酸钙、2％～4％的硫酸铁和硫酸铝、3.5％的游离酸及少量的磷酸二钙($CaHPO_4$)。过磷酸钙是化学酸性肥料,具有吸湿性,吸湿后,在酸性条件下发生化学反应,使水溶性磷变成难溶性磷而使肥效降低,这一现象称为磷的退化作用。

2)过磷酸钙的施用

过磷酸钙集中施用的方法是作种肥条施或穴施、拌种(用量不宜过多,每亩 3～4 kg)、水稻沾秧根(每亩用过磷酸钙 2.5～5 kg,与 2～3 倍腐熟的有机肥,加泥浆拌成糊状,栽前沾秧,随沾随栽)、追肥沟施或穴施(每亩用量 10～20 kg)。

2. 钙镁磷肥

1)钙镁磷肥的成分和性质

钙镁磷肥一般为灰白色、黑绿色或灰绿(棕)色粉末;成分较复杂,主要成分是 α-磷酸三钙,能溶于 2％的柠檬酸,含 P_2O_5 14％～20％、氧化镁 10％～15％、氧化钙 20％～30％、氧化硅 40％左右;除供给植物磷素营养之外,还能改善作物的 Ca、Mg、Si 营养。钙镁磷肥呈碱性,不吸湿结块,无腐蚀性。

2)钙镁磷肥的施用

钙镁磷肥的肥效与作物种类、土壤性质和施用方法等有关。

(1)作物种类。作物种类不同,对钙镁磷肥中磷的利用能力不同,对 Ca、Mg、Si 的需要量也不同。

(2)土壤性质。在 pH<5.5 的强酸性土壤上,钙镁磷肥的肥效高于过磷酸钙;在 pH 为 5.5～6.5 的弱酸性土壤上,对当季作物的肥效与过磷酸钙相当,但后效高于过磷酸钙;在 pH>6.5 的中性及石灰性土壤上,其肥效低于过磷酸钙。

(3)施用方法。钙镁磷肥最适宜作基肥,应尽早施用,不能作追肥;在用量少和不与种子接触时,可作种肥,最好与有机肥料混合堆沤后施用;作基肥时可撒施、条施或穴施。因其移动性更小,必须深施。所以撒施需结合耕作将肥料耕翻入土。每亩用量 15～25 kg,多则 35～40 kg。因其后效长,若前茬每亩施用 35～40 kg,可隔年再施。苹果基肥在早秋施用,盛果期树,每株施用量 5～8 kg,缺磷土壤,每株 8～10 kg,施后灌水,有绿肥的轮作,最好施在绿肥上。

3．磷矿粉

1）磷矿粉的成分和性质

磷矿粉一般呈灰褐色粉末状，中性至微碱性，全磷含量（以 P_2O_5 计）为 $10\%\sim35\%$，枸溶性磷含量为 $1\%\sim5\%$，是一种难溶性的迟效磷肥。

2）磷矿粉的施用

磷矿粉的肥效与作物种类、土壤性质等有关。

（1）作物种类。作物种类不同，施用磷矿粉的效果也不一样。肥效显著的有油菜、萝卜、荞麦、豆科作物和果树；肥效中等的有玉米、马铃薯、甘薯、芝麻；肥效不明显的是小粒禾谷类，如水稻、谷子、小麦等。磷矿粉一般作基肥施用。

（2）土壤性质。土壤的酸碱度对磷矿粉肥效的影响很大。pH<5.5 时，磷矿粉肥效较高，甚至超过过磷酸钙，而在石灰性土壤上不宜施用磷矿粉。

另外，土壤交换量和黏土矿物类型对磷矿粉的肥效也有较大的影响。在同等酸度条件下，代换量小的沙土上施用的磷矿粉的肥效，高于含高岭石的土壤。

（三）磷肥的有效施用

尽量减少磷的固定，防止磷的退化，增加磷与根系的接触面积，提高磷肥利用率，是合理施用磷肥，充分发挥单位磷肥最大效益的关键。

1．根据土壤条件合理分配和施用磷肥

在土壤条件中，土壤的供磷水平、土壤有机质含量、土壤熟化程度及土壤酸碱度等因素与磷肥的合理分配和施用关系最为密切。

2．根据作物需磷特性和轮作换茬制度合理分配和施用磷肥

作物的种类不同，对磷的吸收能力和吸收数量也不同。在实行轮作制度的地区施用磷肥时，还应考虑到轮作的特点。在水旱轮作中应遵循"旱重水轻"的原则：在同一轮作周期中把磷肥重点施于旱作上；在旱地轮作中，磷肥应优先施于需磷多、吸磷能力强的豆科作物上；轮作中作物对磷具有相似的营养特性时，磷肥应重点分配在越冬作物上。

五、钾肥与植物生长的关系

（一）植物体内钾的形态及分布

一般植物体中钾的重量占干物质重量的 $0.3\%\sim5\%$，通常比氮、磷含量高。马铃薯、甜菜、烟草等喜钾作物中钾的含量高于一般作物，同一作物通常以茎秆中钾的含量为最高。

钾在植物体内的存在形态与氮、磷不同，它不构成任何有机化合物，而是以水溶态或吸附态的形式存在于细胞液中或原生质胶体表面。

钾在植物体内的移动性和再利用能力很强，当土壤供钾不足时，缺素症首先从老叶上表现出来。

（二）常见钾肥的种类、性质及其施用

1．硫酸钾

1）硫酸钾的性质

硫酸钾为白色或淡黄色结晶，分子式为 K_2SO_4，含 K_2O $50\%\sim52\%$，易溶于水，吸湿性小，储存不结块，属于化学中性、生理酸性肥料。

2）硫酸钾的施用

硫酸钾可作基肥、追肥和种肥。作基肥时,应深施覆土。作追肥时宜早期施用,一般采用条施、穴施的方法。在黏重的土壤上可以一次施下,但在保水、保肥力差的沙土上,应分期施下,遵循"少量多次"的原则,以免钾的流失。在水田中施用时,要注意水不宜过深,施后不再排水,以保持肥效。作种肥时,一般每亩用量为 1.5～2.5 kg。硫酸钾还可用作根外追肥。

硫酸钾适用于各种作物,对马铃薯、烟草、甘薯等喜钾而忌氯的作物,以及十字花科等喜硫的作物,效果更为显著。

2. 氯化钾

1）氯化钾的性质

氯化钾为白色或淡黄色结晶,分子式为 KCl,含 K_2O 50%～60%,易溶于水,吸湿性不大,但长期储存也会结块,为化学中性、生理酸性肥料。

2）氯化钾的施用

氯化钾可作基肥和追肥施用,但不宜作种肥。氯化钾适用于麻类、棉花等纤维作物。氯化钾不宜用在忌氯化物和排水不良的低洼地和盐碱地上。另外,氯化钾还可用于根外追肥。

3. 草木灰

植物残体燃烧后剩余的灰称为草木灰。

1）草木灰的成分和性质

草木灰的成分极为复杂,含有植物体内的各种灰分元素,其中含钾、钙较多,磷次之,所以通常将草木灰看作钾肥。

2）草木灰中钾的存在形态

草木灰中钾的主要存在形态是碳酸钾,其次是硫酸钾,氯化钾最少。草木灰中的钾大约有 90% 可溶于水,有效性高,是速效性钾肥。由于草木灰中含有 K_2CO_3,所以它的水溶液呈碱性,是一种碱性肥料。

3）草木灰中钾的有效性

草木灰因燃烧温度不同,其颜色和钾的有效性也有差异。燃烧温度过高,钾与硅酸形成溶解度较低的 K_2SiO_3,灰白色,肥效较差。低温燃烧的草木灰,一般呈黑灰色,肥效较高。

4）草木灰的施用

草木灰可作基肥、追肥和盖种肥。作基肥时,可沟施或穴施,深度约 10 cm,施后覆土。作追肥时,可叶面撒施,既能供给养分,也能在一定程度上减轻或防止病虫害的发生和危害。草木灰适宜用作水稻、蔬菜育苗时的盖种肥,既能供给养分,又有利于提高地温,防止烂秧。草木灰也可用作根外追肥,一般作物用 1% 的水浸液,果树可喷 2%～3% 的水浸液,小麦生长后期,可喷 5%～10% 的水浸液。

草木灰是一种碱性肥料,因此不能与铵态氮肥、腐熟的有机肥料混合施用,也不能倒在猪圈、厕所中储存,以免造成氨的挥发损失。草木灰在各种土壤上对多种作物均有良好的肥效,特别是施于酸性土壤上的豆科作物,增产效果十分明显。

（三）钾肥的有效施用

钾肥肥效的高低取决于土壤性质、作物种类、肥料配合、气候条件等,因此要经济合理地分配和施用钾肥,就必须了解影响钾肥肥效的有关条件。

1. 土壤性质与钾肥的有效施用

钾肥可根据土壤的钾素供应水平、土壤的机械组成、土壤的通气性来施用。

2. 作物条件与钾肥的合理施用

各类作物由于其生物学特点不同,对钾的需要量和吸钾能力也不同,因此对钾肥的反应也各异。凡含碳水化合物较多的作物如马铃薯、甘薯、甘蔗、甜菜、西瓜、果树、烟草等需钾量大,对这些喜钾作物应多施钾肥,这样既能提高产量,又能改善品质,在同样的土壤条件下应优先安排钾肥于喜钾作物上。另外,对豆科作物和油料作物施用钾肥,也具有明显而稳定的增产效果。

当然,在缺钾的土壤上,钾肥对多种作物均有良好的肥效,但在钾肥含量中等偏上或较为丰富的土壤中,只有对喜钾作物的肥效较好。

3. 钾肥的施用技术

钾肥的施用技术如下。

(1) 钾肥应早施。钾肥一般宜作基肥,如作追肥也应及早施用。

(2) 钾肥要深施、集中施,一般采用条施或穴施的方法。

(3) 在沙质土壤上,钾肥不宜全部一次施用作基肥,而应加大追肥的比例分次施用,以减少钾的淋失。

(4) 钾肥的施用量。一般每亩施用的氧化钾:玉米为 $6\sim9\ kg$,水稻为 $5\sim8\ kg$。对于喜钾作物可适当增加施用量。

【复习思考】

(1) 氮、磷、钾肥的有效施用方法有哪些?

(2) 简述氮、磷、钾肥的种类及性质。

任务 3 植物生长与微量元素肥料的关系

【任务重点】

微量元素肥料的种类、性质和施用,施用微量元素肥料的注意事项。

【任务难点】

几种常见微量元素肥料的施用技术,施用微量元素肥料的注意事项。

【任务内容】

微量元素肥料是指含有 B、Mn、Mo、Zn、Cu、Fe 等微量元素的化学肥料。

一、微量元素肥料的种类、性质和施用

(一) 硼肥

1. 硼在作物体内的含量和分布

植物体内的硼含量通常为 $2\sim10\ mg/kg$。双子叶植物体内的硼含量显著高于单子叶植物,以豆科和十字花科植物体内的硼含量为最高,而禾本科植物体内的硼含量为最低。硼在作物体内比较集中地分布在根尖、茎尖、叶片及花器官中,同钾一样,硼在植物体内也不构成任何有机化合物。

2. 常用硼肥的种类

目前,生产上常用的硼肥有:硼砂,分子式为 $Na_2B_4O_7 \cdot 10H_2O$,含硼 11%,易溶于水;硼

酸,分子式为 H_3BO_3,含硼 17%,易溶于水;含硼过磷酸钙,含硼 0.6%;硼镁肥,含硼 1.5%。其中最常用的是硼酸和硼砂。

3. 硼肥的施用

1) 作物种类与硼肥

作物的种类不同,对硼的需要量也不同。我国目前表现出缺硼明显的作物有油菜、甜菜、棉花、白菜、甘蓝、萝卜、芹菜、大棚黄瓜、大豆、苹果、梨、桃等;需硼中等的有玉米、谷子、马铃薯、胡萝卜、圆葱、辣椒、花生、番茄等。

2) 硼肥的施用技术

硼肥可用作基肥、追肥和种肥。作基肥时可与磷肥、氮肥配合使用,也可单独施用。一般每亩用量为 0.12～0.20 kg,一定要施得均匀,防止浓度过高而使作物中毒。追肥通常采用根外追肥的方法,喷施浓度为 0.01% 的硼砂或硼酸溶液。在作物苗期和由营养生长转入生殖生长时各喷一次。种肥常采用浸种和拌种的方法,浸种用浓度为 0.01%～0.1% 的硼酸或硼砂溶液,浸泡 6～12 h,阴干后播种。谷类和蔬菜类可用浓度为 0.01%～0.03% 的硼酸或硼砂溶液,水稻可用浓度为 0.1% 的硼酸或硼砂溶液。拌种时每千克种子用硼砂或硼酸 0.2～0.5 g。

(二)锌肥

1. 锌在作物体内的含量与分布

作物体内锌的正常含量为 25～150 mg/kg。正常植株中,锌的含量在顶中最高,叶中次之,基中最少。整棵植株中锌的含量由下而上逐渐增加。

2. 常用锌肥的种类

目前农业生产上常用的锌肥为硫酸锌、氯化锌、氧化锌等。

3. 锌肥的施用技术

1) 作物种类与锌肥

对锌敏感的作物有玉米、水稻、甜菜、亚麻、棉花、苹果、梨等,在这些作物上施用锌肥通常都具有良好的肥效。

2) 锌肥的施用技术

锌肥可用作基肥、追肥和种肥。作基肥时,每亩施用 2～4 斤(1 斤＝500 g)硫酸锌,可与生理酸性肥料混合施用,轻度缺锌地块隔 1～2 年再行施用,中度缺锌地块隔年或减量施用。作追肥时常用作根外追肥,一般作物喷施浓度为 0.02%～0.1% 的硫酸锌溶液,玉米、水稻施用浓度为 0.1%～0.5% 的硫酸锌溶液,果树可在萌芽前一个月喷施浓度为 5% 的硫酸锌溶液,萌发后果树用浓度为 3%～4% 的硫酸锌溶液深刷一年生枝条 2～3 次或在初夏时喷施浓度为 0.2% 的硫酸锌溶液。作种肥时常采用浸种或拌种的方法,浸种用浓度为 0.02%～0.1% 的硫酸锌溶液,浸种 12 h,阴干后播种。拌种时一般每斤种子用 1～3 g 硫酸锌,玉米可用 2～4 g。氧化锌还可用作水稻沾秧根,每亩用量 200 g,配成浓度为 1% 的悬浊液。

3) 锌肥肥效与磷肥的关系

在有效磷含量高的土壤中,往往会产生诱发性缺锌,比如某些水稻土中锌的缺乏就是由于有效磷含量高造成的。因此在施用磷肥时,必须要注意锌肥的供应情况,防止因磷多而造成诱发性缺锌。

（三）锰肥

1. 锰在植物体内的含量与分布

锰在植物体内的含量因作物种类和环境条件的不同而有较大的差异，一般为 10～300 mg/kg。锰在植物体内主要分布在植物的绿色部分。

2. 常用锰肥的种类和性质

农业生产上常用的锰肥是硫酸锰、氯化锰等。

3. 锰肥的施用

1）作物种类与锰肥

对锰敏感的作物有小麦、马铃薯、洋葱、菠菜等，其次是大麦、甜菜、玉米、三叶草、芹菜、萝卜、番茄等。

2）锰肥的施用技术

生产上最常用的锰肥是硫酸锰，一般用作根外追肥、浸种、拌种及土壤种肥，难溶性锰肥一般用作基肥。

硫酸锰用作根外追肥时，喷施浓度一般以 0.05％～0.1％为宜，果树以 0.3％～0.4％为宜，豆科以 0.03％为宜，水稻以 0.1％为宜；用作拌种时，禾本科作物每斤种子用 2 g 硫酸锰，豆科作物 4～6 g，甜菜 8 g；硫酸锰用作土壤种肥效果大致与拌种相当，一般用量为 2～4 斤/亩。

（四）铁肥

1. 铁在植物体内的含量与分布

铁在植物体内的质量一般为干物质重的 0.3％，集中分布在叶绿体中，铁与叶绿素的物质的量比，在大多数作物中为 1：4～1：10。铁在植物体内绝大部分以有机态存在，移动性很小。

2. 铁肥的施用

1）作物种类与铁肥

对铁敏感的作物有大豆、高粱、甜菜、菠菜、番茄、苹果等。一般情况下，禾本科和其他农作物很少出现缺铁现象，而果树的缺铁现象较为普遍。

2）铁肥的施用技术

生产上最常用的铁肥是硫酸亚铁，目前多采用根外追肥的方法施用。喷施浓度为 0.2％～1％。果树多在萌芽前喷施浓度为 0.75％～1％的硫酸亚铁溶液或在见黄叶后连喷三次浓度为 0.5％硫酸亚铁溶液和 0.5％的尿素；也可以把硫酸亚铁与有机肥按 1：10～1：20 的比例混合后施到果树下，每株 50 斤，肥效可达一年，使 70％的缺铁症复绿。

果树缺铁还可用注射法补施铁肥，具体做法是：将硫酸亚铁溶液装入瓶中，在距发病树干 1 m 处的发病枝下部挖出直径约 2 mm 的吸收根 2～3 条，插入瓶中，根端紧贴瓶底，然后连瓶子一块埋入土内，5～7 天后，黄叶即可转绿，取出瓶子后填好、踏实。若大树全株黄化，则需在四个方向各埋两个药液瓶。

（五）钼肥

1. 钼在作物体内的含量和分布

钼在豆科作物和十字花科作物体内含量较高，约为 2 mg/kg，多集中在根瘤和种子内。

非豆科作物体内钼的含量仅为 0.01～0.7 mg/kg。

2. 常见钼肥的种类

农业生产上常用的钼肥有钼酸铵、钼酸钠、三氧化钼、钼渣、含钼玻璃肥料等。

3. 钼肥的施用

1）作物种类与钼肥

需钼较多的是豆科作物，以苜蓿对钼肥的反应最为突出，此外，油菜、花椰菜、玉米、高粱、谷子、棉花、甜菜对钼肥也有良好的反应。

2）钼肥的施用技术

钼肥多用作拌种、浸种和根外追肥。拌种时，每斤种子需钼肥 1～3 g，先用热水溶解，再用冷水稀释成浓度为 2%～3% 的溶液，用喷雾器喷在种子上，边喷边拌，拌好后将种子阴干，即可播种。浸种时，可用浓度为 0.05%～0.1% 的钼酸铵溶液浸泡种子 12 h。叶面喷肥一般用于叶面积较大的作物，在苗期和蕾期用浓度为 0.01%～0.1% 的钼酸铵溶液喷 1～2 次，每亩每次喷液 50 kg。

（六）铜肥

1. 铜在植物体内的含量和分布

植物体内铜的含量一般为 5～20 mg/kg，主要分布在植物生长活跃的幼嫩部分，种子和新叶中含铜较多。

2. 常见铜肥的种类

农业生产上常见铜肥主要有硫酸铜、炼铜矿渣、螯合态铜和氧化铜。

3. 铜肥的施用

1）作物种类与铜肥

需铜较多的作物有小麦、洋葱、菠菜、苜蓿、向日葵、胡萝卜、大麦、燕麦等；需铜中等的有甜菜、亚麻、黄瓜、萝卜、番茄等；需铜较少的有豆类、牧草、油菜等。果树中的苹果、桃、梅等也有过关于缺铜的报道。

2）铜肥的施用技术

硫酸铜是农业生产上最常见的铜肥，多用作基肥、浸种、拌种和根外追肥。用作基肥时，每亩用量 0.5～1 斤，每 3～5 年施一次。禾谷类作物浸种时，可用浓度为 0.01%～0.05% 的硫酸铜溶液，拌种时，每千克种子需铜肥 2～4 g。

硫酸铜用作根外追肥时，喷施浓度为 0.02%～0.04%，果树需用浓度为 0.2%～0.4% 的硫酸铜溶液，并加 0.15%～0.25% 的熟石灰，以防药害。

二、施用微量元素肥料的注意事项

施用微量元素肥料的注意事项如下。

（1）注意施用量及浓度。作物对微量元素的需要量很少，而且从适量到过量的范围很窄，因此要防止微量元素肥料用量过多。在土壤上施用时还必须施得均匀，浓度要保证适宜，否则会引起植物中毒，污染土壤与环境，甚至进入食物链，危害人畜健康。

（2）注意改善土壤条件。微量元素的缺乏，往往不是因为土壤中微量元素含量低，而是因为其有效性低，通过改善土壤条件，如土壤酸碱度、土壤氧化还原性、土壤质地、土壤有机质含量、土壤含水量等，可以有效地改善土壤的微量元素营养条件。

（3）注意与大量元素肥料配合施用。微量元素和 N、P、K 等营养元素，都是同等重要、不可代替的。只有满足了植物对大量元素的需要，施用微量元素才能充分发挥肥效，才能表现出明显的增产效果。

（4）注意各种作物对微量元素的反应。

【复习思考】

（1）简述硼肥的种类、性质和施肥技术。

（2）简述锌肥的种类、性质和施肥技术。

（3）施用微量元素肥料的注意事项有哪些？

任务 4　植物生长与复合肥料的关系

【任务重点】

主要复合肥料的种类、性质和施用，复合肥料的特点，多元复合专用肥的应用。

【任务难点】

主要复合肥料的种类、性质和施用。

【任务内容】

近年来，在世界范围内，化肥品种朝着高效化、复合化、专业化、缓效长效化的方向发展。总的发展趋势是开发高效复合肥料。

一、复合肥料的概念和特点

（一）复合肥料的概念和种类

1. 概念

在一种化学肥料中，同时含有 N、P、K 等主要营养元素中的两种或两种以上成分的肥料，称为复合肥料。含两种主要营养元素的叫二元复合肥料，含三种主要营养元素的叫三元复合肥料，含三种以上营养元素的叫多元复合肥料。

复合肥料习惯上用 $N-P_2O_5-K_2O$ 相应的质量分数来表示其成分。例如，某种复合肥料中含 N 10%，含 P_2O_5 20%，含 K_2O 10%，则该复合肥料表示为 10-20-10。有的在 K_2O 含量数值后还标有 S，如 12-24-12(S)，即表示其中含有 K_2SO_4。

2. 种类

复合肥料按其制造工艺可分为两类。

（1）化成复合肥料。化成复合肥料是通过化学方法制成的复合肥料，如磷酸二氢钾。

（2）混成复合肥料。混成复合肥料是将几种肥料通过机械混合制成的复合肥料，如氯磷铵，它就是由氯化铵和磷酸一铵混合而成的。

（二）复合肥料的特点

1. 复合肥料的优点

复合肥料的优点主要是：有效成分高，养分种类多；副成分少，对土壤的不良影响小；生产成本低；物理性状好等。

2. 复合肥料的缺点

复合肥料的缺点如下。

（1）养分比例固定，很难满足各种土壤和各种作物的不同需要，常需要用单质肥料补充调节。

（2）难以满足施肥技术的要求，各种养分在土壤中的运动规律及对施肥技术的要求各不相同，很难符合作物某一时期对养分的要求，因此必须摸清各地的土壤情况和各种作物的生长特点、需肥规律，施用适宜的复合肥料。

二、主要复合肥料的种类、性质和施用

（一）磷酸铵

磷酸铵简称磷铵，是氨中和磷酸制成的，由于氨中和的程度不同，可分别生成磷酸一铵、磷酸二铵和磷酸三铵。

目前国产的磷酸铵实际上是磷酸一铵和磷酸二铵的混合物。含 N $14\%\sim18\%$，含 P_2O_5 $46\%\sim50\%$。纯净的磷铵为灰白色，粗制品因带有杂质，故为深灰色。磷铵易溶于水，具有一定的吸湿性，通常加入防湿剂，制成颗粒状，以利于储存、运输和施用。

磷酸铵适用于各种作物和土壤，特别适用于需磷较多的作物和缺磷土壤。施用磷酸铵应先考虑磷的用量，不足的氮可用单质氮肥补充，磷酸铵可作基肥、追肥和种肥。作基肥和追肥时，每亩以 $10\sim15$ kg 为宜，可以沟施或穴施，作种肥以每亩 $2\sim3$ kg 为宜，不宜与种子直接接触，以防影响发芽和引起烧苗。果树成树基肥以每株 2.5 kg 为宜，追肥可采用根外追肥的方式，喷施浓度为 $0.5\%\sim1\%$ 的磷酸铵溶液。磷酸铵不能与草木灰、石灰等碱性物质混合施用或储存。酸性土壤上施用石灰后必须隔 $4\sim5$ 天才能施磷铵，以免引起氮素的挥发损失和降低磷的有效性。

（二）氨化过磷酸钙

为了清除过磷酸钙中游离酸的不良影响，通常在过磷酸钙中通入一定量的氨制成氨化过磷酸钙，其主要成分为 $NH_4H_2PO_4$、$CaHPO_4$、$(NH_4)_2SO_4$，含 N $2\%\sim3\%$，P_2O_5 $13\%\sim15\%$。

氨化过磷酸钙干燥、疏松，能溶于水，不含游离酸，没有腐蚀性，吸湿性和结块性都弱，物理性状好，性质比较稳定。

氨化过磷酸钙的肥效稍好于过磷酸钙，适合于各类作物，在酸性土壤上施用效果最好，注意不得与碱性物质混合，以防氨的挥发和磷的退化。因含氮量低，故应配施其他氮肥，其施用方法同过磷酸钙。

（三）磷酸二氢钾

磷酸二氢钾纯品为白色或灰白色结晶，养分为 0-52-34，吸湿性小，物理性状好，易溶于水，其水溶液的 pH 值为 $3\sim4$，价格昂贵。

磷酸二氢钾适作浸种、拌种与根外追肥。浸种用浓度为 0.2% 的磷酸二氢钾溶液，时间为 12 h，每 100 斤溶液浸大豆 30 斤，小麦 50 斤。拌种用浓度为 1% 的磷酸二氢钾溶液，当天拌种下地。用作根外追肥时，喷施浓度为 $0.2\%\sim0.5\%$，每亩 $100\sim150$ 斤液，选择在晴天的下午，以在叶处喷施不滴到地上为宜。小麦在拔节、孕穗期，棉花在开花前后，连续喷施三次。

（四）硝酸钾

硝酸钾俗称火硝，由硝酸钠和氯化钾一同溶解后重新结晶或从硝土中提取制成，其分子式为 KNO_3。含 N 13%，含 K_2O 46%。纯净的硝酸钾为白色结晶，粗制品略带黄色，有吸湿性，易溶于水，为化学中性、生理中性肥料。在高温下易爆炸，属于易燃、易爆物质，在储运、施用时要注意安全。

硝酸钾适作旱地追肥，对马铃薯、烟草、甜菜、葡萄、甘薯等喜钾作物具有良好的肥效。在豆科作物上反应也比较好，如用于其他作物则应配合单质氮肥以提高肥效。硝酸钾也可用作根外追肥，适宜浓度为 0.6%～1%。在干旱地区还可以与有机肥混合作基肥施用，每亩 10 kg 左右。

由于硝酸钾的 $N:K_2O$ 为 1:3.5，含钾量高，因此在肥料计算时应以含钾量为计算依据，氮素不足可用单质氮肥补充。

（五）尿素磷铵

尿素磷铵的化学式为 $CO(NH_2)_2 \cdot (NH_4)_2HPO_4$，是以尿素加磷铵制成的，其养分含量可有 37-17-0、29-29-0、25-25-0 等，是一种高浓度的氮、磷复合肥，其中的 N、P 养分均是水溶性的，$N:P_2O_5$ 为 1:1 或 2:1，易被作物吸收利用。

尿素磷铵适用于各种类型的土壤和各种作物，其肥效优于等氮、磷量的单质肥料，其施用方法与磷酸铵相同。

（六）铵磷钾肥

铵磷钾肥是由硫铵、硫酸钾和磷酸盐按不同比例混合而成的三元复合肥料，或者由磷酸铵加钾盐制成。由于配制比例不同，养分比例可以为 12-24-12、10-20-15、10-30-10。

铵磷钾肥中磷的比例比较大，可适当配合施用单质氮肥、单质钾肥，以调整比例，更好地发挥肥效。铵磷钾肥是高浓度复合肥料，它和硝酸钾常作为烟草地区的专用肥。

三、多元复合专用肥的应用

多元复合专用肥是按一定配方制成的复合肥，它是根据作物的营养特点、土壤养分状况及我国农业生产实际按照一定配方设计生产的多元肥料，其成分包括 N、P、K 等大量元素和 B、Zn、Fe 等微量元素，有的还含有赤霉素等生长调节剂和腐殖质等。某一种多元复合专用肥是专门为某一种作物或某一类生态要求相似的作物设计的。当然，这种设计还必须考虑到土壤的养分状况。

（一）多元复合专用肥的作用及效果

1. 多元复合专用肥的作用

多元复合专用肥的作用如下。

（1）为作物提供营养，并且能够满足作物生长对营养条件的要求，可以避免资源的浪费。

（2）能够改善土壤的某些性质，如酸碱性等。

（3）能满足作物的特殊需求，如水稻喜硅，甜菜喜钠，叶菜类喜硝态氮，根茎类喜磷等。

（4）能保证各营养元素间的相互促进作用，发挥肥料的最大效率。

（5）多元复合专用肥一般都含有生长调节剂和腐殖质等，对作物生长有促进作用。

2. 多元复合专用肥的效果

多元复合专用肥能够供应作物多种营养元素,促进细胞分裂,提高光合效率,增强酶活性,有利于根系发育,能使作物的营养生长和生殖生长协调发展。

实践证明,施用多元复合专用肥能提高作物产量,增加经济效益,使粮食作物增产10%～15%,使蔬菜、瓜果增产20%左右。

(二)几种专用肥的性质与施用

目前生产的专用肥可用于粮食、棉花、油料、果树、蔬菜、花卉等作物,可谓丰富多彩,种类繁多。因此,在选购时应根据当地的土壤、气候条件,选择合适的品种。

【复习思考】

(1)简述复合肥料磷酸铵的性质和用途。

(2)简述复合肥料硝酸钾的性质和用途。

(3)简述多元复合专用肥的作用。

任务 5　植物生长与生物肥料的关系

【任务重点】

生物肥料的种类、性质和施用,生物肥料的作用。

【任务难点】

家畜粪尿的施用要求,厩肥的成分、性质和施用方法。

【任务内容】

一、粪尿肥(人粪尿)

(一)人粪尿的成分、性质及养分含量

1. 人粪尿的主要成分和性质

人粪是由大约70%以上的水和20%左右的有机物质组成,其中有机物质主要包括纤维素、半纤维素、脂肪和脂肪酸、蛋白质及其分解产物、氨基酸、酶、粪胆质色素等。此外,人粪中还含有硫化氢、吲哚、丁酸等有毒物质和5%左右的硅酸盐、磷酸盐、氯化物等矿物质。新鲜人粪一般呈中性。

人尿含水95%以上,余者为水溶性有机物和无机盐,尿素约2%,氯化钠1%,还有尿酸、马尿酸、肌肝酸、磷酸盐、铵盐、氨基酸,以及各种微量元素、生长素等少许。新鲜人尿由于磷酸盐的作用,呈酸性,腐熟后由于尿素水解为碳酸铵,呈碱性。

2. 人粪尿中的养分含量

人粪尿中含氮较多,磷、钾较少,有机质分解快,易于供应养分,所以常把人粪尿当作高氮速效性有机肥料来施用,由于其腐殖质积累少,故对改土培肥无太大意义。

(二)人粪尿的储存和管理

1. 人粪尿在储存中的变化

人粪尿的储存过程,实际上是其发酵腐熟的过程。

人粪尿中的尿素在脲酶的作用下,分解成碳酸铵、尿酸和马尿酸等含氮物,并逐渐分解成 NH_3、CO_2 和 H_2O。

腐熟后的人粪尿在形态和颜色上发生明显的变化,这些变化可作为人粪尿腐熟的外观标志。人尿由澄清变为混浊,人粪由原来的黄色或褐色变为绿色或暗绿色,这是由于黄褐色的类胆质在碱性条件下氧化成胆绿素的缘故。此外,腐熟后的人粪尿完全变为液体或半流体,用水稀释后施用很方便。

2. 人粪尿的储存方法

人粪尿储存的关键是防止氨的挥发和粪池的渗漏,为此,通常采用以下方法:改建厕所;粪尿分存;加保氮剂,常用保氮物质有两类,一类为吸附性强的物质,另一类为化学保氮物质。

3. 人粪尿的无害化处理

处理方法如下:高温堆肥处理、粪池密封发酵和沼气发酵、药物处理等。

4. 人粪尿在储存中的注意事项

人粪尿在储存时需注意以下事项:掺草木灰,防止氨的挥发;厕所与猪圈分开等。

（三）人粪尿的施用方法

1. 根据作物特性施用

人粪尿对一般作物都有良好的效果,对叶菜类作物、纤维类作物和桑茶的效果更显著,对禾谷类作物的效果也很好,不适于忌氯作物,因为人粪尿含有 Cl^-,会降低忌氯作物的品质。

2. 人粪尿的施用方法与用量

人粪尿一般情况下要用腐熟的,可用作基肥、追肥和种肥。作基肥时,可用大粪土 10 000～15 000 斤/亩。作追肥时,要兑水 3～5 倍,土干时可兑水 10 倍,否则浓度大,易烧苗。水田泼施,施后耕耘使土肥相融,2～3 天后再灌水。旱田条施或穴施,施后覆土。追肥(大粪土)用量:大田 1 000～2 000 斤/亩,大豆和薯类 800～900 斤/亩,成果树 200～300 斤/株,菜田 2 000～3 000 斤/亩;追肥每次限量 500～1 000 斤/亩。鲜尿可直接兑水施用,不必腐熟;鲜尿还可用来浸种,一般可增产 10％～21％。

二、家畜粪尿与厩肥

家畜粪尿包括猪、马、牛、羊的粪尿,是我国农村中的一项重要肥源。厩肥是家畜粪尿和各种垫圈材料混合积制的肥料,在有机肥料中占有重要的位置。

（一）家畜粪尿的成分和性质

1. 家畜粪尿的成分

家畜粪的主要成分是纤维素、半纤维素、木质素、蛋白质及其分解产物,以及脂肪、有机酸、酶和各种无机盐类。家畜尿的主要成分有尿素、尿酸、马尿酸,以及钾、钠、钙、镁的无机盐类。

家畜粪是富含有机质和氮、磷的肥料,家畜尿是富含磷、钾的肥料。其中,羊粪尿中氮、磷、钾含量最高,猪粪尿、马粪尿次之,牛粪尿最少。

2. 家畜粪的性质

家畜粪中的养分大部分是有机态的,分解比较缓慢,属迟效养分,但在堆腐过程中能形成腐殖质,具有改土培肥的作用。家畜的种类不同,其粪便的性质差异很大,以猪、马、牛、羊的粪便为例,简介如下。

1) 猪粪

猪粪属温性肥料,猪粪腐熟后含有大量的腐殖质,改土培肥和保肥的作用最好。猪粪肥劲柔和,后效长,适于各种土壤和作物。

2) 马粪

马粪是热性肥料,常用作温床和堆肥时的发热材料。马粪可改善黏土的性状,使其松软。马粪肥劲短,常与猪粪混合施用。

3) 牛粪

牛粪是典型的冷性肥料。鲜粪略加风干,加入 3%～5% 的钙镁肥或磷矿粉,或加适量马粪堆沤,可得优质、疏松的有机肥料。牛粪对改良有机质少的轻质土壤具有良好的作用。

4) 羊粪

羊粪是家畜粪中养分含量最高的。羊粪也属热性肥料。羊粪宜与猪粪、牛粪混合堆积,这样可以缓解它的燥性,使肥劲平稳。羊粪适用于各种土壤。

3. 家畜尿的性质

家畜尿中含有大量的尿酸、马尿酸,而尿素含量比人尿少,因此氮的形态较为复杂,不宜直接施用。

(二) 家畜粪尿的储存

家畜粪尿的储存,各地不一,最常用的是垫圈法和冲圈法。

(三) 厩肥的成分和性质

1. 厩肥的成分

厩肥平均含有机质 25%、氮 0.5%、五氧化二磷 0.25%、氧化钾 0.6%。

2. 厩肥的性质

新鲜厩肥中的养料以有机态为主,作物大多数不能直接利用,一般不宜直接施用。

(四) 厩肥的积制方法

厩肥和积制方法有圈内堆积法和圈外堆积法两种。

1. 圈内堆积法

圈内堆积法又可分为深坑圈、浅坑圈和平底圈三种。

2. 圈外堆积法

按照堆积的松紧程度不同,可将圈外堆积法分为紧密堆积法、疏松堆积法和疏松紧密堆积法三种。

(五) 厩肥腐熟的特征

厩肥在堆积过程中,由于微生物活动,其 C/N 逐渐变小,速效养分逐渐增多,这样的粪肥施入土壤后,就不会产生微生物与作物争夺速效养分的矛盾,可以及时发挥肥效。厩肥腐熟的快慢与其中的微生物活动密切相关,而微生物活动又取决于粪堆内的水气热条件。

粪肥的腐熟过程通常要经过生粪、半腐熟、腐熟和过劲四个阶段。半腐熟阶段厩肥的外部特征可概括为"棕、软、霉";腐熟阶段腐熟厩肥的外部特征是"黑、烂、臭";过劲阶段厩肥的外部特征为"灰、粉、土"。

植物生长环境

（六）家畜粪尿和厩肥的施用要求

家畜粪尿和厩肥的施用要求主要有：根据肥料本身的性质施用，根据有肥料的腐熟程度施用，根据土壤的性质施用，根据作物的种类施用，与化学肥料配合或混合施用，根据气候条件施用等。

（七）厩肥的施用量和施用方法

根据厩肥的数量和质量，一般每亩施厩肥 4 000～10 000 斤较为合适。厩肥和畜粪一般作基肥，可撒施或集中施用，其效应是：穴施＞沟施＞撒施。

另外，厩肥在施用后应立即耕埋，有灌溉条件的应结合灌水，其效果更好。

三、堆肥

堆肥和沤肥是我国农村中重要的有机肥料，都是以秸秆、落叶、野草、水草、绿肥、垃圾等为主要原料，再混合不同数量的粪尿、泥炭、塘泥等堆制或沤制而成的肥料。一般北方以堆肥为主，而南方水网地区则以沤肥为主。堆肥和沤肥的共同特点是：只有在以好气性微生物分解为主（堆肥、秸秆还田）或以嫌气性微生物分解为主（沤肥、沼气肥）的作用下，才能达到供应作物养分、改良土壤理化性质和提高土壤肥力的最大效果。

（一）堆肥制造的原理和堆制条件

1. 堆肥材料

堆肥的材料大致可分为三类：第一类是不易分解的物质，为堆肥原料的主体，它们大多是 C/N 为 100∶1～600∶1 的物质，如稻草、落叶、杂草等；第二类是促进分解的物质，一般为含氮较多的物质，如人粪尿、家畜粪尿和化学氮肥，以及能中和酸度的物质，如石灰、草木灰等；第三类是吸收性能强的物质，如泥炭、泥土等，用以吸收肥分。

2. 堆肥腐熟的原理

堆肥的腐熟过程是微生物对粗有机质进行的分解和再合成的过程。以高温堆肥为例，其形成要经过发热、高温、降温和后熟保肥四个阶段。

1）发热阶段

堆制初期，堆温由常温上升至 50 ℃左右为发热阶段。

2）高温阶段

当堆温升到 60～70 ℃时为高温阶段。

3）降温阶段

降温阶段是指高温以后，堆温降至 50 ℃以下的阶段。

4）后熟保肥阶段

在经过以上的三个阶段以后，原来大部分的有机质已被分解，堆温继续下降至稍高于气温时，即进入后熟保肥阶段。

3. 堆肥条件

堆肥的条件主要有水分、通气、温度、pH 值等。

（二）堆肥的堆制方法

1. 普通堆肥

普通堆肥是在嫌气、低温的条件下进行的。堆积方式常有地面式和地下式两种。

2. 高温堆肥

高温堆肥具有通气性好、肥料腐熟快,以及去除病菌、虫卵、杂草种子等优点。高温堆肥一般采用接种高温纤维分解菌,并设置通风装置或人工加温措施,堆肥方式主要有地面式和半坑式。

(三)堆肥的成分和施用

腐熟的堆肥呈黑褐色,汁液为浅棕色或无色,有氨臭味。

堆肥的施用与厩肥相似,一般适作基肥。堆肥施用后应立即耕翻并配合施用速效氮、磷肥。施用量各地差异较大,一般为每亩 1 000~2 000 斤。

四、沤肥

与堆肥相比,肥料在沤制过程中,有机质和氮素的损失较少,腐殖质积累较多,质量比较高。

1. 影响沤肥腐解的因素

浸水淹泡、原料的配合、适期翻堆等都会影响沤肥的腐解。

2. 沤肥的施用

沤肥一般作基肥,多用在稻田,也可用于旱田。施用量一般为每亩 4 000 kg 左右,随施随翻,防止养分损失。沤肥的肥效一般与牛粪、猪粪相近,为了提高肥效,施用时应与速效氮肥、速效磷肥配合。

五、沼气发酵肥料

1. 沼气发酵的意义

沼气是指各种有机物质在嫌气条件下经发酵产生的一种无色、无味的气体,其主要成分是 CH_4,其次是 CO_2,还有少量的 CO 和 H_2S。有机物质经沼气池发酵产气后剩余的残渣、残液可作肥料施用,即为沼气发酵肥料。

2. 沼气肥的施用技术

沼气残液含多种水溶性养分,N 素以 NH_4^+ 的形式为主,是一种速效肥料。一般用作追肥,每亩用量 3 000~5 000 斤,深施 2 寸(1 寸≈0.033 3 m)以下。若施在作物根部,需兑部分清水。发酵液还可用作根外追肥,方法是将残液用麻布过滤,滤液稀释 2~4 倍,喷施量为100 斤/亩。

发酵残渣含有丰富的有机质,速效氮占全部氮的 19.2%~52%,平均为 35.6%,是一种缓速兼备的、具有改良土壤功能的优质肥料,一般用作基肥,每亩用量为 5 000 斤。

六、秸秆还田

1. 秸秆还田的意义

秸秆还田的意义主要有:直接供给作物养分;增加土壤有机质,改善土壤理化性质;节省劳动力,减少运输。

2. 秸秆还田的方法

1）切碎翻压

秸秆经机械切碎后翻压至 15 cm 以下,翻压后要及时耙压保墒,以利腐解;旱地墒情不好时,还要先灌水,再翻压。

2）补充氮、磷化肥

由于秸秆中 C/N 较高,翻压时,应每亩施 NH_4HCO_3 30 斤(或相当的氮素),过磷酸钙 60～100 斤。

3）翻压时间

旱地的翻压宜在晚秋进行,最好边收获边耕埋,以避免秸秆中水分的散失;水田的翻压宜在插秧前 7～15 天施用,或在翻耙地以前施用。

4）秸秆翻压量

一般来说,秸秆可全部还田,在薄地,氮肥不足的情况下,秸秆翻压量不宜过多。

【复习思考】

（1）简述生物肥料的成分、性质和施用方法。

（2）简述生物肥料的作用。

任务 6 植物营养元素缺乏症的诊断

【任务重点】

主要营养元素的生理作用,植物缺乏必需营养元素的主要症状,植物营养元素缺乏症的诊断。

【任务难点】

植物营养元素缺乏症的诊断。

【任务内容】

一、主要营养元素的生理作用

主要营养元素的生理作用如表 7-1 所示。

表 7-1　主要营养元素的生理作用

主要营养元素	生理作用
氮（N）	氮是蛋白质和核酸的主要成分,是叶绿素的组成成分;氮是植物体内许多酶的组成成分,参与植物体内的各种代谢活动;氮是植物体内许多维生素、激素等的成分,调控植物的生命活动
磷（P）	磷是核酸、核蛋白、磷脂、植素、磷酸腺苷和许多酶的成分,影响淀粉、蛋白质、脂肪和糖的转化与积累,能提高植物抗寒性和抗旱性
钾（K）	钾是植物体内 60 多种酶的活化剂,能促进叶绿素合成,促进植物体内糖类、蛋白质等物质的合成与运转,维持细胞膨压,促进植物生长,增强植物抗寒、抗旱、抗高温、抗病、抗盐、抗倒伏等的能力,提高植物抗逆性

主要营养元素	生 理 作 用
钙(Ca)	钙是构成细胞壁的重要元素,参与形成细胞壁,能稳定生物膜的结构,调节膜的渗透性,促进细胞伸长,对细胞代谢起调节作用,调节养分离子的生理平衡,消除某些离子的毒害作用
镁(Mg)	镁是叶绿素的组成成分,参与光合磷酸化和磷酸化过程;是许多酶的活化剂;参与脂肪、蛋白质和核酸代谢;是染色体的组成成分,参与遗传信息的传递
硫(S)	硫是含硫氨基酸的成分;参与合成其他生物活性物质;参与一些酶的活化,提高酶的活性;与叶绿素形成有关;合成植物体内的挥发性含硫物质,如大蒜油等
铁(Fe)	铁是许多酶和蛋白质的组成成分,影响叶绿素的形成,参与光合作用和呼吸作用的电子传递,促进根瘤菌作用
锰(Mn)	锰是多种酶的组成成分和活化剂,是叶绿体的结构成分,参与脂肪、蛋白质合成,参与呼吸过程中的氧化还原反应,促进光合作用和硝酸还原作用,促进胡萝卜素、维生素、核黄素的形成
铜(Cu)	铜是多种氧化酶的成分,是叶绿体蛋白——质体蓝素的成分,参与蛋白质和糖代谢,影响植物繁殖器官的发育
锌(Zn)	锌是许多酶的成分,参与生长素合成,参与蛋白质代谢和碳水化合物运转,参与植物繁殖器官的发育
钼(Mo)	钼是固氮酶和硝酸还原酶的组成成分,参与蛋白质代谢,影响生物固氮作用,影响光合作用,对植物受精和胚胎发育有特殊作用
硼(B)	硼能促进碳水化合物运转,影响酚类化合物和木质素的生物合成,促进花粉萌发和花粉管生长,影响细胞分裂、分化和成熟,参与植物生长素类激素代谢,影响光合作用
氯(Cl)	氯能维持细胞膨压,保持电荷平衡,促进光合作用,对植物气孔有调节作用,抑制植物病害发生

二、植物缺乏必需营养元素的主要症状

植物缺乏必需营养元素的主要症状如表 7-2 所示。

表 7-2   植物缺乏必需营养元素的主要症状

缺　　素	缺 素 症 状
氮(N)	植株生长缓慢、矮小,叶片薄而小,新叶出得慢;叶色变淡呈黄绿色,且从下部老叶开始,逐渐向上发展,严重时,下部叶片呈黄色,甚至干枯死亡
磷(P)	植株生长迟缓、矮小、瘦弱、直立,根系不发达,成熟延迟,果实较小,结实不良,叶色暗绿或灰绿,无光泽,严重时变为紫红色斑点或条纹;症状一般从基部老叶开始,逐步向上发展
钾(K)	地下部分生长停滞,细根和根毛生长不良,根短而少,易出现根腐病;地上部分老叶首先出现症状,叶尖和边缘先发黄,进而变褐,渐枯萎,叶片上出现褐色斑点、斑块;但叶部靠近叶脉附近仍保持原来的色泽;节间缩短,叶片干枯可萎蔫到幼叶,严重时顶芽死亡;植物抗逆性下降,易感染病虫害

缺　素	缺　素　症　状
钙(Ca)	幼叶和茎、根的生长点首先出现症状,轻则呈凋萎状,重则生长点坏死;幼叶变形,叶尖出现弯钩状,叶片皱缩,边缘向下或向前卷曲,新叶抽出困难,叶尖和叶缘发黄或焦枯坏死;植株矮小或呈簇生状,早衰、倒伏,不结实或少结实
镁(Mg)	中下部叶片失绿,然后逐渐向上发展;失绿症开始于叶子端和缘的脉间部位,颜色由淡绿变黄再变橙或变紫,随后向叶基部和中央扩展;严重时叶片枯萎、脱落
硫(S)	幼叶首先呈黄绿色,株形矮小,茎秆细弱、木质化、韧性差,幼叶窄,生长速度变慢;开花、结实推迟,籽实减少
硼(B)	顶端停止生长并逐渐死亡,根系不发达,叶色暗绿,叶片肥厚、皱缩,植株矮化,茎及叶柄易开裂,花发育不全,果穗不实,花蕾易脱落,块根、浆果心腐或坏死,如油菜"花而不实"、棉花"蕾而不花"、萝卜的"心腐病"、烟草的"顶腐病"等
锌(Zn)	叶小簇生,中下部叶片失绿,主脉两侧出现不规则的棕色斑点,植株矮化,生长缓慢;玉米早期出现"白苗病",生长后期果穗缺粒秃尖;水稻基部叶片沿主脉出现失绿条纹,继而出现棕色斑点,植株萎缩,造成"矮缩病";果树顶端叶片呈"莲座"状或簇生,叶片变小,称"小叶病"
钼(Mo)	生长不良,植株矮小,叶片凋萎或焦枯,叶缘卷曲,叶色褪淡发灰;大豆叶片上出现许多细小的灰褐色斑点,叶片向下卷曲,根瘤发育不良;柑橘呈点状失绿,出现"黄斑病";番茄叶片的边缘向上卷曲,老叶上出现明显黄斑
锰(Mn)	症状从新叶开始,叶脉间失绿,叶脉仍为绿色,叶片上出现褐色或灰色斑点,逐渐连成条状,严重时叶色失绿并坏死,如烟草的"花叶病"、燕麦的"灰斑病"、甜菜的"黄斑病"等
铁(Fe)	引起"失绿病",幼叶脉间失绿黄化,叶脉仍为绿色,之后完全失绿,有时整个叶片呈黄白色;因铁在体内移动性小,新叶失绿,而老叶仍保持绿色,如果树新梢顶端的叶片变为黄白色;新梢顶叶脱落后,形成"梢枯"现象
铜(Cu)	多数植物顶端生长停止和顶枯;果树缺铜常产生"顶枯病",顶部枝条弯曲,顶梢枯死,枝条上形成斑块和瘤状物;树皮变粗出现裂纹,分泌出棕色胶液;在新开垦的土地上种植禾本科作物,常出现"开垦病",表现为叶片尖端失绿,干枯和叶尖卷曲,分蘖很多但不抽穗或抽穗很少,不能形成饱满籽粒

三、植物营养元素缺乏症的诊断

1. 形态诊断

鉴别营养元素缺乏症时,首先要看症状出现的部位,其次要看叶片大小和形状,最后要注意叶片失绿的部位。

2. 根外喷施诊断

配制一定浓度(一般为 $0.1\%\sim0.2\%$)的含某种元素的溶液,喷到病株叶部或采用浸泡、涂抹等方法,将病叶浸泡在溶液中 $1\sim2$ h 或将溶液涂抹在病叶上,隔 $7\sim10$ 天观察施肥前后叶色、长相、长势等的变化,进行判断。

3. 化学诊断

化学诊断是指采用化学分析方法测定土壤和植株中营养元素的含量，并对照各种营养元素缺乏的临界值加以判断的诊断。

【复习思考】

（1）简述主要营养元素 N、P、K 的生理作用。

（2）简述植物营养元素缺乏症的诊断方法。

项目 8 植物生长气候环境调控

【项目目标】

掌握植物生长气候环境的特点和调控措施,了解农业气候资源的合理开发利用。

【项目说明】

地球周围充满着大气,大气具有一定的重量,地面上单位面积上所承受的大气的压力称为大气压。不同地区间的大气压差,促使空气运动就形成了风,大气环流是全球性风形成的主要原因。大气在空中是以巨大的气团的形式存在的,有冷气团和暖气团两种。冷、暖气团相遇就形成锋,由于锋面两侧的气压、湿度、风等气象要素差异较大,具有突变性,因此锋面附近常形成云、雨、风等锋面天气。气团的运动形成气旋、反气旋、高压槽和低压槽等天气现象,各种天气现象综合作用的结果造成了各种天气气候的生成和出现。

一年中天气、气候的变化将全年分成二十四个节气,这是农业生产的基本依据。农田本身形成不同的群落,有其自身的特征和变化规律,农业上采取相应的栽培措施和管理办法改造农田小气候,为作物提供良好的生长环境。

任务 1 植物生长的气候条件认知

【任务重点】

气压的概念和气压的变化,风的形成和变化,大气环流与地方性风。

【任务难点】

大气环流与地方性风,风的形成和变化。

【任务内容】

一、气压与风

（一）气压的概念

气压是大气压强的简称,其单位为 hPa(一个标准大气压＝1 013.25 hPa)

（二）气压的变化

1. 气压随时间和空间的变化

通常情况下,一天中,早晨气压上升,下午气压下降。一年中,冬季气压最高,夏季气压最低。天气的变化和气流的运动也会引起气压变化。如冷、暖空气的入侵或阴雨天,以及剧烈变化的升降气流带来的天气变化都会使气压明显地上升或下降。

2. 气压随海拔高度的变化

气压随高度的分布(气体平均温度为 0 ℃):在 5 500 m 的高空,气压值只有地面的一半,而到了 16 000 m 的高空,气压值就只有地面的 1/10 了。

3. 气压的水平变化

地球表面各点的热力差异,使得在大气层不同层次的各个水平面上,气压的分布也存在差异。为表示出某水平面上气压差异的大小,气象上把由高压指向低压,垂直于等压线的方向上,单位水平距离内的气压差称为水平气压梯度。等压线图上,等压线越密集的地区,水平气压梯度越大;等压线越稀疏的地区,水平气压梯度越小。

二、风的形成和变化

风常指空气的水平运动分量,包括方向和大小,即风向和风速。风还具有阵性。

风向是指风吹来的方向,陆地上常用 16 个方位表示,在天气报告中,当风在某个方位摇摆不定时,则加以"偏"字,如"偏东风"。风速是指单位时间内空气水平移动的距离,单位为 m/s,气象报告中常用风级来表示,风级是根据风力大小划分的。风的阵性是指摩擦层中在固定的空间位置上,出现的风向不稳定和风速明显变动的现象。

(一)风的成因——热力环流

风是由于水平气压梯度的存在所引起的,而产生气压梯度的主要原因是地球表面各地的热力情况不同。

(二)风的变化

1. 风速、风向随高度的变化

在摩擦层中,空气运动受到的摩擦力随高度的升高而减小,风速随高度的升高而加大。在北半球,风向也因此随高度的增加而加大向右旋转的角度。

在地面上 0~2 m 内,风速增加得最快,再向上风速就增加得比较缓慢了。近地面的风具有阵性,而到了自由大气层中,风向和风速趋于稳定,风的阵性消失。

2. 风速的日变化

在气压形势稳定时,风速有明显的日变化,低层大气中(50 m 内),日出后风速逐渐加大,午后达到最大,夜间风速减小。在高层大气中(100~150 m),风速的日变化与低层大气的情况正好相反,最大值出现在夜间,最小值出现在白天午后。

3. 风速的年变化

风的年变化与气候、地理条件有关,在北半球的中纬度地区,一般风速的年最大值出现在冬季,最小值出现在夏季。我国大部分地区春季风速最大,因为春季是冷暖交替的时期。

三、大气环流与地方性风

(一)大气环流

地球上各种规模的大气运动的综合表现,称为大气环流,它是由各种相互联系的气流——水平气流与垂直气流、地面气流与高空气流,以及大范围天气系统所构成的。用大气环流原理可以说明全球性气压带和风带的形成原因。根据大气环流的三圈模式,北半球有四个气压带,即赤道低压带、副热带高压带、副极地低压带和极地高压带,这些气压带之间形成了三个风带,即低纬度的东北信风带、中纬度的盛行西风带、高纬度的极地东风带。此外,赤道上由于水平气压梯度力和地转偏向力很小,故称为赤道无风带。

我国广大中纬度地区处于盛行西风带中,所以影响我国的主要天气系统有着自西向东移动的规律。冬季影响我国的气压系统,在陆上为西伯利亚高压,它是一种冷高压,带来干燥寒冷的空气,在海上为阿留申低压。夏季,整个亚洲大陆为印度低压所控制。而停居在海上的西太平洋副热带高压北进西伸到达我国东南海岸,它是一种暖高压,带来海上的暖湿空气。此外,地球上还有季风环流。季风是指由于海、陆的热差异,产生的以年为周期,在大陆和海洋之间大范围盛行的、风向随季节而改变的风。我国处于欧亚大陆,东临太平洋,季风表现极为显著。冬季盛行干燥寒冷的西北风,夏季盛行温暖潮湿的东南风。另外,我国的西南地区受印度季风影响,冬季吹东北风,夏季吹西南风。地球上的风带也因气压带的割裂而被破坏,形成了许多较小范围的地方性风。

（二）地方性风

1. 海陆风

海滨地区在晴稳天气,白天风由海上吹向陆地,称为海风,夜间风由陆地吹向海上,称为陆风,二者合称为海陆风。海陆风和季风一样也是因海陆之间热力差异所形成的周期性变化的风,但不同的是,海陆风是以昼夜为周期风向发生变化,季风是以年为周期风向随季节变化。同时,海陆风的影响范围比季风要小。一般情况下,海风风速为 $5\sim6\ \mathrm{m\cdot s^{-1}}$,陆风风速则小些,为 $1\sim2\ \mathrm{m\cdot s^{-1}}$。海风伸向陆地的范围在温带为 $15\sim50\ \mathrm{km}$,在热带不超过 $100\ \mathrm{km}$;陆风伸向海上的范围为 $20\sim30\ \mathrm{km}$,近的只有几千米。

海陆风交替时间各地不一,通常上午 10—11 时海风开始,晚上 20 时转为陆风,因为在此期间,海陆温差逐渐消失,然后发生温差趋势的逆转。

2. 山谷风

山区白天风从山谷吹向山坡,称为谷风,夜间风从山坡吹向山谷,称为山风,二者合称为山谷风。山谷风是指由于山坡与谷地同高度上受热和失热程度不同而产生的一种热力环流。

3. 焚风

当气流跨过山脊时,在山的北风面,由于空气的下沉运动产生了一种热而干燥的风,称为焚风。另外,在高压区中,自由大气的下沉运动也可以产生焚风,气象上称为焚风效应。

四、风与农业生产

（一）风对农业生产的作用

一般来说,风力不大时(微风、和风),对植物生长是有利的,这主要是因为风能够促进空气的乱流交换,使热量、水汽、二氧化碳在地面与作物层,以及空气之间的传递、输送作用增强,使作物层内的温、湿度得到调节,避免了某个层次上出现过高(或过低)的温度、过大的湿度,以利于植物的正常生长。

在地面剧烈降温的夜里,风可以把大气中的热量传给地面,缓和了地表温度的降低,所以在有风的夜里,往往不易发生霜冻。微风能吹走叶片表面的水汽,提高植物蒸腾速率,降低植物体温,增强根系吸收能力。枝叶也可在微风下频频摆动,不断变换方位来充分获取光照。

风还可传播植物种实,帮助植物繁殖,这对森林、植被的天然更新很有益处。

(二)风对农业生产的危害

风对农业生产的危害主要有:大风对农林植物造成机械损伤;在干燥条件下,大风使植物蒸腾失水过度而干枯;在沿海地区,海风使植物表面留下一层盐分,造成抗盐性弱的植物失水萎蔫。

此外,风还会吹走表土,导致植物根系裸露,刮起的灰沙在植物花期落在柱头上,阻碍了授粉结实,所以有"霜打梨花收一半,沙打梨花不见面"的农谚。

【复习思考】

(1)主要的农业气象要素有哪些?

(2)简述风的成因和变化特点。

(3)简述风对农业生产的作用与危害。

任务 2　天气和气候认知

【任务重点】

主要天气系统及天气特征,农业灾害天气。

【任务难点】

低温灾害的预防,干热风、冰雹等灾害天气的预防。

【任务内容】

一、天气和气候

1. 天气

天气是指在一定地区以气象要素和天气现象表示的一定时段或某时刻的大气状况,如晴、阴、冷、暖、雨、雪、风、霜、雾、雷等。天气学是研究天气的形成和演变规律并预报其未来变化的一门科学。

2. 气候

某一地区的气候是指多年的大气统计状态,包括平均状态和极端状态,可用气象要素(如温度、湿度、风、降水等)的各种统计量来表达。目前,国际上用 30 年作为描写气候的标准时段,最近 30 年的气候,一般认为就是现代气候。

二、主要天气系统及天气特征

各种气象要素和天气现象在空间的分布组成了各种天气系统,如高压、低压、气团、锋、气旋、低压槽等。按水平范围大小及生成时间长短,可将天气系统分为小尺度(如龙卷风)、中尺度(如强雷暴)、天气尺度(如锋)、超长尺度(如副热带高压)等天气系统。

在天气图上的天气形势主要由锋、气旋、反气旋、低压槽、高压脊等天气系统所组成,天气形势或天气系统、天气现象随时间的演变历程叫作天气过程。

(一)气团

气团是指在水平方向上气象要素比较均匀而范围较大的空气团,这里的气象要素主要是指对天气有控制性影响的温度、湿度和稳定度。气团的水平范围可达几百公里到几千公

里(1 公里＝1 km),厚度可达几公里到十几公里。同一气团内的物理性质在水平方向上变化很小,如在 1 000 km 范围内,温度变化为 5~7 ℃,而在两种气团的过渡地带,50~100 km 范围内,温度变化可达 10~15 ℃。

1. 气团的分类

气团的分类有两种方法:一种是按地理分类,另一种是按热力分类。

1) 按地理位置分类

按气团形成源地的地理位置,可将气团分为北极气团、极地气团、热带气团和赤道气团,它们分别形成于北极圈内、温带、热带和赤道地区。由于上述气团既可以在海洋上形成,也可以在陆地上形成,故又可分为海洋气团和大陆气团,如极地气团可分为极地大陆气团和极地海洋气团,热带气团可分为热带大陆气团和热带海洋气团等。

2) 按热力分类

按气团移动时与所经之地之间的温度情况,可将气团分为冷气团和暖气团两种。如果气团是向比它冷的地面移动,称为暖气团,这种气团所经之地变暖,而本身变冷;如果气团是向比它暖的地面移动,称为冷气团,这种气团所经之地变冷,而本身变暖。

2. 气团天气

因为气团内部温度、湿度比较一致,不会有大规模的上升运动。所以气团天气比较简单,以晴朗为主。

暖气团(多为稳定气团)的典型天气是连绵成云,不会产生大的降水,只有小雨或毛毛雨,常有雾,各气象要素变化很小。夏季暖气团可能不稳定,在不稳定条件下常有雷暴产生。

冷气团(多为不稳定气团)中,特别是移动较快的冷气团中,常有一些对流云,因为地面温度较高,常有强烈对流,形成积雨云,产生阵性降水,夏季阵性降水常伴有雷暴。

(二) 锋

两种性质不同的气团之间形成狭窄而倾斜的过渡带,这个过渡带称为锋。锋的水平长度有几百公里甚至上千公里,过渡带的宽度在近地面层为几十公里,高空可达 200~400 km,宽度与长度相比是很狭窄的,可近似地把锋看作没有厚度的面,称为锋面,锋面与地面的交线,称为锋线,有时简称锋。

由于锋面是性质不同的两种气团的交界面,故在锋面两侧,气压、湿度、风等气象要素差异较大,具有突变性,锋面附近形成的云、雨、风等天气,称为锋面天气。

锋面可以生成和加强,也可以减弱和分散,简称为锋生和锋消。锋生和锋消主要取决于冷暖气团的水平相对运动,二者相向运动则锋生,相背运动则锋消。

1. 锋的分类

根据锋的移动方向,可以把锋分为暖锋、冷锋、静止锋和锢囚锋。

暖锋是暖气团起主导作用,推动锋面向冷气团一侧移动,这种锋叫作暖锋。冷锋是冷气团起主导作用,推动锋面向暖气团一侧移动,这种锋叫作冷锋。静止锋是冷、暖气团势力相当,暂时不相上下,锋面很少移动,或者有时冷气团占主导地位,有时暖气团占主导地位,使锋面来回摆动,这种锋称为静止锋。在我国华南、天山和云贵高原地区,由于山岭或高原的阻挡,容易形成静止锋。锢囚锋是由于冷锋移动速度比暖锋快,冷锋赶上暖锋后,将暖空气抬离地面,在近地面层冷暖锋合并,或由于两条冷锋相对而行,逐渐合并起来,这种由两条锋相遇合并所形成的锋,成为锢囚锋。

2. 锋面天气

1) 暖锋天气

由于暖锋坡度比较小,上升运动比较慢,暖空气可以滑升到很远的地方,因而在锋前产生大范围的云区和降水,在离地面锋线约 1 000 km 处出现卷云、卷层云,约 700 km 处出现高层云,约 300 km 处出现雨层云。暖锋降水多属连续性降水,降水区宽为 300~400 km。

2) 冷锋天气

根据冷空气的移动速度,可将冷锋分为两类:移动速度慢的叫作第一型冷锋,或叫作缓行冷锋;移动速度快的叫作第二型冷锋,或称为急行冷锋。

第一型冷锋,锋面坡度较小,当冷空气插在暖空气下面前进时,暖空气被迫在冷空气上面平稳滑升,所以云和降水区的分布与暖锋大致相似,只是暖锋云雨在锋前,冷锋云雨在锋后,云系排列顺序相反,由于冷锋坡度比暖锋大,雨区较窄,约为 300 km,当锋面一侧的暖空气不稳定时,冷锋附近常出现积雨云和雷阵雨天气,这种情况在我国较多见。

第二型冷锋,锋面坡度较大,在地面附近,近于垂直,且速度较快,因此锋前暖空气产生强烈的上升运动。在夏半年里,暖气团比较潮湿,因对流性不稳定而受到冷空气强迫抬升,在地面锋线附近常产生、发展旺盛的积雨云,出现雷雨阵性降水天气,但云雨区很窄,一般只有几十公里,地面锋线的远方会出现一些高云。这种冷锋过境时,往往会产生雷电交加的天气,但时间短暂,锋线一过,天气立即转晴。冬半年,由于暖空气比较干燥,只在地面锋线前方出现卷层云、高层云、雨层云,在地面锋线附近有很厚、很低的云层,有时有雨区不宽的连续性降水,地面锋线过后,云很快消失,但风速继续增大,常出现大风天气,在干旱的春季还会出现沙暴天气。这种冷锋天气在我国北方春、冬季常见到,特别在春季,冷、暖空气都很干燥,锋线前方只出现一些中、高云,甚至无云,锋线过后有大风沙暴天气。

3) 静止锋天气

静止锋在我国往往是由冷锋演变而成的,其天气和第一型冷锋相似,区别只是云雨区的宽度比冷锋大。静止锋附近风力很小,由于锋面很少移动,所以降水时间较长,往往连绵细雨不断。静止锋天气是我国华南和西南地区冬季的一个主要天气系统。

4) 锢囚锋天气

锢囚锋的云系可以看成是原来两条锋面上的云系相遇合并而成的,所以锢囚锋天气仍然保持着原来冷、暖锋的特征,但由于锢囚后,暖空气被抬升到很高的高度,因此云层增厚,降水增强,雨区扩大,锋线两侧均有降水,风力界于冷、暖锋之间。锢囚锋主要出现在我国东北和华北地区的冬春季节。

（三）气旋与反气旋

气旋是占有三度空间的、在同一高度上中心气压低于四周的大尺度旋涡。在气压场上,气旋又称为低压。气旋的范围由地面天气图上最外围的闭合等压线的直径来确定,气旋的直径平均为 1 000 km,大的可达 3 000 km,小的只有 200 km 或更小。气旋的强度一般用其中心的气压值来表示。在北半球,气旋范围的空气按逆时针方向旋转,近地面层中由于摩擦作用,上升气流绝热冷却,发生水汽凝结,因此,气旋内多为阴雨天气。

反气旋也称为高压,是中心比四周高的水平空气涡旋。反气旋的范围比气旋大得多,大的反气旋范围可以和最大的大陆或海洋相比。反气旋中心的气压值越高,反气旋的强度越强,反之越弱。地面反气旋的中心气压值一般为 1 020~1 030 hPa,冬季的寒潮冷高压,中心

气压可达 1 080 hPa 以上。当反气旋中心的气压值随时间升高时,称为反气旋加强;当反气旋中心气压随时间降低时,称为反气旋减弱。在北半球,反气旋范围内的空气按顺时针方向旋转,近地面层的反气旋中,气流是辐散下沉的,因此反气旋控制地区的天气以晴朗少云、风力渐稳为主。

(四) 西风槽

西风槽是指活动在对流层中西风带上的短波槽,也叫作高空低压槽,它一年四季都可出现,尤以春季最为频繁。西风槽多自西向东移动或自西南向东北移动,开口朝北,波长大约为 1 000 km。西风槽的东面(槽前)盛行暖湿的西南上升气流,因空气的上升运动,所以对应的地方是冷、暖锋和气旋活动的地方,天气变化剧烈,多阴雨天气。西风槽的西面(槽后)盛行干冷的西北下沉气流,多晴冷天气。

三、农业灾害天气

(一) 低温灾害

1. 寒潮

寒潮是指大范围的强冷空气活动引起的气温下降的天气过程。国家气象局制定的全国性的寒潮标准是:凡一次冷空气入侵后,使长江中下游及以北地区,在 48 小时内最低气温下降 10 ℃ 以上,长江中下游地区最低气温下降达 4 ℃ 以下,陆上有三个大行政区出现 5~7 级大风,沿海有三个海区出现 7 级以上大风,即称为寒潮;如果 48 小时内最低气温下降 14 ℃ 以上,陆上有 3~4 个大行政区有 5~7 级大风,沿海所有海区出现 7 级以上大风,即称为强寒潮。

寒潮对农业的危害主要是剧烈降温造成的霜冻、冰冻等冻害,以及大风、大风雪、大风沙等灾害天气。

2. 霜冻

霜冻是指气温在 0 ℃ 以上的暖湿季节里,土壤表面、植物表面温度短时间内降到 0 ℃ 或 0 ℃ 以下,引起植物受冻害或死亡的现象。霜冻包含温度降低的程度和植物抗低温的能力,而霜仅指 0 ℃ 以下的水汽凝华现象,两者的概念是不同的。发生霜冻时可能有霜,也可能无霜;近地层空气温度可能低于 0 ℃,也可能高于 0 ℃。但多数作物当温度降到 0 ℃ 以下时,就会受害,所以现在一般将最低地面温度降到 0 ℃ 时称为出现霜冻。

按霜冻出现的季节可将霜冻分为三类,即秋霜冻、春霜冻和冬季霜冻。秋霜冻又称为早霜冻,秋季第一次霜冻称为本年度的初霜冻。春霜冻又称为晚霜冻,春季最后一次霜冻称为上年度的终霜冻。

霜冻在我国主要出现于春、秋、冬三季,严重的霜冻往往是由于寒潮或冷空气入侵引起的。为了防止霜冻对农作物造成危害,在生产上常常采取以下措施:人工施放烟幕、灌水、覆盖、露天加温等。此外,鼓风、喷雾等措施,对防御霜冻也有一定作用。

3. 倒春寒

某些年份,春初没有明显的寒潮爆发,气温偏高(高于历年同期平均值),但到了春末,或因冷空气活动频繁,或因寒潮爆发,使气温明显偏低,而对作物造成损伤的一种冷害,称为倒春寒。故倒春寒是由前期的气温偏高和后期气温偏低两部分组成的,而灾害是后期低温造成的。

在北方,倒春寒前期气温偏高会促使冬小麦返青拔节,有些果树开始含苞,抗低温能力下降,故后期低温易造成大范围的严重危害。

4. 低温冷害

在植物生长季节里,当温度下降到植物生长发育期间所需的生物学最低温度以下,而气温仍高于 0 ℃时,对植物生长发育造成的危害,称为低温冷害(简称冷害)。冷害与霜冻虽然都属于低温冷害,但两者是有区别的:霜冻温度不高于 0 ℃,即植物体内结冰引起的伤害;而冷害温度高于 0 ℃,即在植物生育期内,较长时间温度相对偏低引起的伤害。

作物在营养生长期内遭受冷害,会使生长发育期延迟,在生殖生长期内遭受冷害,会使生殖器官的生理活动受到破坏,这两种情况均会导致减产。作物因冷夏持续时间过长,遭受冷害,也会严重减产。我国东北是受冷害影响最频繁的地区。

(二)连阴雨和洪涝灾害

1. 连阴雨天气

连阴雨天气是指连续 5～7 天以上的阴雨现象(有时降水暂时停止,保持阴天或短暂晴天)。降水强度一般是中雨,也可以是大雨和暴雨。

2. 洪涝

由于长期阴雨和暴雨,短期的雨量过于集中,河流泛滥,山洪暴发或地表径流大,低洼地积水,植物被淹没或冲毁等现象称为洪涝。

形成洪涝的天气系统有华南静止锋、台风、锋面气旋等。

(三)干旱与干热风

1. 干旱

干旱天气是在高压长期控制下形成的。高压常占据很大地区,干旱天气在我国各主要农业区都可能发生。按干旱天气发生的时间,可将其分为春旱、夏旱和秋旱。

2. 干热风

在我国北方主要麦区,春末夏初,正当小麦灌浆乳熟阶段,常常遇到连续几天又干又热的西南风或偏东风,通常称为干热风。按照干热风天气现象的不同,可将我国北方麦区的干热风分为三种类型:高温低湿型、雨后热枯型、旱风型。

(1)高温低湿型。由于气温高、天气旱、相对湿度低,地面吹偏南风或西南风,使小麦炸芒、枯熟、秕粒,影响小麦产量。

(2)雨后热枯型。雨后高温或猛晴,使小麦青枯或枯熟。

(3)旱风型。湿度低、气温高,风速 3～4 级,风向为西北或西南。

高温低湿型多发生在华北和黄淮地区;雨后热枯型多发生在华北和西北地区;旱风型则多发生在苏北、皖北和新疆北部地区。

3. 干热风指标

关于干热风指标,多选用温、湿、风三要素的组合表示,而指标的取值主要是根据本地区干热风的类型来确定的。如:山东取日最高气温 ≥32 ℃,14 时饱和差 ≥30 hPa,风速 ≥2 m/s 为轻干热风日;日最高气温 ≥35 ℃,14 时饱和差 ≥40 hPa,风速 ≥3 m/s 为重干热风日。

4. 干热风的防御措施

干热风的防御措施可以概括为四个字,即"抗、躲、防、改"。"抗"是指培育抗性强的品

种;"躲"是指调节播种期使灌浆乳熟阶段正好躲过当地盛行干热风的时期;"防"是指灌溉、喷磷、石油助长剂,提前预防;"改"是指广植林带,改善农田小气候。

(四)冰雹

冰雹是从发展旺盛的积雨云中降落到地面的固体降水物,它通常以不透明的霜粒为核心,外包多层明暗相间的冰壳。直径一般为5~50 mm,大的可达300 mm以上。

在我国,冰雹天气多发生在4—7月午后的14—17时,降雹持续时间一般为几分钟到十几分钟,也有长达1 h以上的。冰雹地区呈断断续续的带状,宽度一般为1~2 km,但也有范围达几个省的。冰雹的地区分布,中纬度地区多于高纬度地区和低纬度地区,内陆多于沿海,山地多于平原。

形成冰雹必须具备以下两个条件。

(1)强烈的、不均匀的上升气流,强盛的积雨云,云的上升速度大于20 m/s。

(2)充足的水汽:水汽越充足,经过上下反复碰撞,冰雹越易增大。

除上述的两个条件以外,冰雹的形成还要借助于外界的抬升作用。根据不同的抬升力,冰雹的形成有以下几种情况:热力抬升、锋面抬升、地形抬升。

冰雹可以防御,目前采用的人工清雹的方法有两种:一种是催化剂法,另一种是爆炸法。

(五)台风

台风是指形成于热带海洋面上强大而深厚的气旋。

1. 台风的标准

在热带海洋上常有强烈的热带气旋发生,当热带气旋发展到一定强度时,在西太平洋称为台风,在东北太平洋和大西洋称为飓风,在印度洋、孟加拉湾则称为热带风暴。1988年10月起,我国开始采用国际规定的热带气旋名称和等级,标准如下。

(1)台风:中心附近物最大风速≥64海里/小时(最大风力≥12级)。

(2)强热带风暴:中心附近物最大风速48~63海里/小时(最大风力10~11级)。

(3)热带风暴:中心附近物最大风速34~47海里/小时(最大风力8~9级)。

(4)热带低压:中心附近物最大风速<34海里/小时(最大风力<8级)。

此外,我国还对出现于北太平洋150°以西洋面上的台风,按每年出现的顺序编号,如以9902号表示1999年第2号台风。

2. 台风路径

北太平洋西部台风的移动有以下三种路径:偏西路径、西北路径、转向路径。

【复习思考】

(1)如何防御低温冷害?

(2)干热风与干旱有何区别? 如何防御?

任务3 农业小气候认知

【任务重点】

农田小气候的特征与改造,设施农业小气候中的地膜覆盖小气候、塑料大棚小气候、日光温室小气候。

【任务难点】

农田小气候的特点与合理利用。

【任务内容】

在具有相同气候特点的地区,由于下垫面性质和构造不同,造成热量和水分"收支"不一样,形成近地面大气层中局部地区特殊的气候,称为小气候。

一、农田小气候

农田小气候是以农作物为下垫面的小气候,它是农田贴地气层和土层与农作物群体之间生物学和物理学两种过程相互作用的结果。

（一）农田小气候的特征

1. 农田中的太阳辐射和光能分布

1）作物对太阳辐射的吸收、反射和透射

太阳辐射到达农田作物表面后,一部分辐射能被作物叶面吸收,一部分被反射,还有一部分透过枝叶空隙,或透过叶片到达下面各层或地面上。

2）太阳辐射在作物中的分布

进入农田作物中的太阳辐射,其光照度都是由株顶向下递减的,在株顶附近递减较慢,到植株中间时迅速减弱,再往下又缓慢递减。

2. 农田中的温度分布

农田中的温度分布,除取决于农田辐射差额外,最主要的还是取决于农田乱流的情况。

在暖季温带地区,作物层中的温度比裸地低,而冷季则较高;至于温度日较差,农田比裸地小,旱地比水田大,密植田比稀植田小。

3. 农田中的湿度分布

农田中湿度的分布和变化,除取决于温度和农田蒸发外,主要取决于乱流交换强度的变化。农田中绝对湿度的分布,在作物幼小时和裸地一样,在生长发育盛期,同温度的分布相似:中午,靠近外活动面绝对湿度较大;清晨、傍晚或夜间,外活动面有大量的露或霜形成,绝对湿度比较小。农田中相对湿度的分布比较复杂,它取决于温度和湿度的分布,一般在作物生长初期,相对湿度的分布和裸地一样,到生长发育盛期,农田中的相对湿度总比裸地高。

4. 农田中 CO_2 的分布

1）农田中 CO_2 含量的日变化

白天,作物吸收 CO_2 使农田 CO_2 浓度降低,通常在午后达到最低;夜间,作物放出 CO_2,使农田 CO_2 浓度增高,这种变化在夏季最为突出。

2）农田中 CO_2 的铅直分布

株间 CO_2 浓度常常是贴地层最大。夜间 CO_2 浓度随高度的增加而降低,白天 CO_2 浓度随高度的增加而增大。白天任何时候作物层内 CO_2 浓度最低的部位,就是光合作用最盛行的部位。

（二）农田小气候的改造

1. 灌溉措施的热效应

1）灌溉对农田辐射平衡的影响

灌溉一方面使反射率减小,吸收率增加,另一方面使地面温度降低,空气湿度增加,导致

有效辐射减少,结果是使辐射平衡增加。

2）灌溉对土壤热特性的改变

灌溉后,土壤含水量增加,从而增大了土壤热容量,使土温变化缓慢。

3）灌溉对近地层湿、温度的影响

在高温阶段,灌溉地气温比未灌溉地气温低,而在低温阶段,灌溉地气温则高于未灌溉地,所以灌溉有防冻、保温的作用。

2. 种植行向的气象效应

种植行向的太阳辐射的热效应,高纬地区比低纬地区要显著得多。换句话说,高纬地区种植作物时,要考虑种植行向问题。越冬期间,对热量要求比较突出的秋播作物,取南北向种植比取东西向种植有利,而春播作物,特别是对光照要求比较突出的春播作物,取东西向种植比取南北向种植有利。

二、设施农业小气候

目前生产上应用较多的作物保护措施有:地面覆盖、空间隔离(塑料大棚、温室等)、设置屏障(风障、防风网)。不同的设施,其相应的小气候效应也不同。

（一）地膜覆盖小气候

地膜覆盖小气候主要有增温、保温作用,可减少土壤水分蒸发,改善土壤物理性状。

（二）塑料大棚小气候

1. 塑料大棚内的光照

1）影响光照的因素

塑料大棚内的光照状况除受纬度、季节及天气条件影响外,还与大棚的结构、方位、塑料薄膜种类及管理方法有关。

2）塑料大棚内各部位的光照条件

塑料大棚内光照度的垂直分布特点是从棚顶向下逐渐减弱,近地面最弱,并且棚架越高,近地面处的光照度越弱。

2. 塑料大棚内的温度状况

1）气温

塑料大棚内的气温变化主要取决于天气、温度、棚的大小等因素。

2）土温

在早春和晚秋时节,棚内土温均高于棚内露地,而在晚春至早秋期间,棚内土温则比露地低 $1\sim3$ ℃,利用早春和晚秋棚内土温较高的特点,可以提早定植和延后栽培蔬菜。

3. 塑料大棚内的湿度

塑料薄膜的透气性差,相对湿度经常为 $80\%\sim90\%$,夜间因温度降低,相对湿度更大。为防止高温引起的各种病害发生,要及时放风,降低棚内湿度。

此外,当棚内空气湿度大时,土壤的蒸发量减小,使土壤湿度增大,加之膜上的水珠落到地面,使地表潮湿泥泞,容易形成板结层,不利于作物根系生长,应及时中耕,疏松土壤。

（三）日光温室小气候

1. 温室结构对透光力的影响

温室内的光和辐射,取决于室外自然光强和辐射,以及温室的透光率,自然光强和辐射随季节、地理纬度和天气条件而变化,至于透光能力则主要取决于塑料薄膜的种类、温室结构(构架材料、方位、屋顶角)及薄膜上的水滴与尘埃等情况。

2. 温室内的光强

温室内的光强由于薄膜的反射和吸收、水滴和尘埃的损失、构架遮阴损失等,要比投射到温室表面的自然光强小,大约只占自然光强的 54.7%,而室内光照强度的垂直分布,则有高处较强、向下逐渐减弱、近地面最弱的趋势。

3. 温室小气候的控制与调节

1)温室内光照的调节

建造温室时要选择受光多的方位及合理的屋顶角,设法减少支柱和框架的遮阴,选用优良的透明覆盖物。根据需要,可人工补光。

2)温室内温度、湿度的控制

在寒冷的冬季和夜晚,室内温度比较低,可采取增温、保温措施:在温室四周挖防寒沟,使用双层膜,临时人工加温,增施有机肥,地膜覆盖,加设小拱棚等。

【复习思考】

(1)如何合理利用农业气候资源?

(2)农田小气候具有哪些特点?

任务 4　大气与园林植物

【任务重点】

空气的生态作用,大气污染与园林植物,园林植物对空气的净化作用。

【任务难点】

大气污染对园林植物的危害,园林植物的抗性,园林植物的环境监测作用。

【任务内容】

地球表面的大气圈能维持地球稳定的温度,减弱紫外线对生物的伤害。大气圈下部 16 km 处对流层中的水汽、粉尘等在热量的作用下,形成风、雨、霜、雪、露、雾和冰雹等,调节地球环境的水热平衡,影响生物的生长发育。

工业化发展造成城市大气污染,危害人类和其他生物的生命活动,而园林植物具有净化城市空气的重要作用。

一、空气的生态作用

(一)氧气的生态作用

氧气的生态作用主要表现在以下几个方面。

(1)动、植物进行呼吸作用时,需吸收氧气,没有氧气,动、植物便不能生存;动、植物也需在有氧条件下完成矿质养分循环。

(2)空气中的氧气足以满足植物的需求;当土壤通气性能较差时,土壤中的氧气得不到补充,植物根系呼吸消耗 O_2,积累很多 CO_2,根系会发生无氧中毒,生长受阻,甚至腐烂、枯死。

（3）大气高空层中的臭氧层能吸收大量的紫外线辐射，保护地球生物免受伤害，没有臭氧层的保护作用，地球上的生物将不能生存下去。

（二）CO_2的生态作用

CO_2是植物光合作用的主要原料，光合作用将CO_2和H_2O合成碳水化合物，构成各种复杂的有机物质。

在植物干重中，碳占45%，氧占42%，氢占6.5%，氮占1.5%，灰分元素占5%。其中，所有碳和部分氧皆来自CO_2，所以CO_2对植物具有重要的生态意义。

（三）氮的生态作用

氮是构成生命物质（蛋白质、核酸等）的最基本成分。植物所需要的氮主要来自土壤中的硝态氮和铵态氮。

雷电将大气中的氮气转化为硝态氮和铵态氮，随降水进入土壤。固氮微生物可固定空气中的氮气为植物所利用。此外，动、植物残体及其排泄物的分解也补充了土壤中大量的氮素。

土壤中的氮素经常不足，当氮素严重亏缺时，植物生长不良，甚至枯死，所以在生产上常施氮肥对氮素进行补充。

二、大气污染与园林植物

（一）大气污染

1. 大气污染的定义

大气污染是指在空气的正常成分之外，增加了新成分，或原有成分大量增加，而对人类健康和动、植物生长产生危害的现象。

2. 大气污染的类型

大气污染可分为自然污染、人力污染。人力污染主要是指随着工业的发展，有毒重金属（如铅、镉、铬、锌、钛、钡、砷和汞等）进入大气，而对人类健康和动、植物生长产生危害的现象。

SO_2主要是燃烧煤炭及石油产生的。NO_2主要是工业生产和汽车等交通工具产生的。空气中的SO_2和NO_2与水汽结合，会形成硫酸和硝酸，以降水形式降落到地面，使雨水pH值小于5.6形成酸雨。全球许多地方已发生酸雨，导致森林大面积的死亡。酸雨除会对植物、水体、土壤造成危害外，还有很大的腐蚀作用，能腐蚀油漆、金属及各类纺织品。大理石和石灰石也容易受二氧化硫和硫酸的侵蚀，目前已有许多历史古迹、艺术品和建筑物因大气污染而受到损坏。

城市大气污染程度除取决于污染物排放量之外，还与城市及其周围的气象、地理因素等有密切关系。

（二）大气污染对园林植物的危害

大气中的污染物主要通过气孔进入叶片并溶解在叶片细胞中，通过一系列的生物化学反应对植物产生毒害。

大气污染中的固体颗粒物落在植物叶片上时，会堵塞气孔，妨碍光合作用、呼吸作用和蒸腾作用，危害植物。

（三）园林植物的抗性

1. 植物的抗性

植物的抗性是指植物在一定程度的大气污染环境中仍能正常生长发育的能力。不同种类的植物对大气污染物的抗性不同，这与植物叶片的结构、叶细胞生理生化特性有关。一般常绿阔叶植物的抗性比落叶阔叶植物强，落叶阔叶植物的抗性比针叶植物强。

2. 确定植物对大气污染物抗性的方法

确定植物对大气污染物抗性的方法有以下几种。

（1）野外调查法：在野外调查不同植物受伤害的程度，划分出不同抗性等级。

（2）定点对比栽培法：在污染源附近栽种植物，根据植物受伤害的程度确定抗性强弱。

（3）人工熏气法：把用于实验的植物置于熏气箱内，向熏气箱内通入有害气体，并控制在一定的浓度，根据植物受伤害的程度，确定其抗性强弱。

3. 植物抗性分级

植物抗性分级如下。

（1）抗性强的植物，长期在一定浓度有害气体环境中也基本不受伤害或受害轻微；在高浓度有害气体袭击后，叶片受害轻或者受害后恢复较快。

（2）抗性中等的植物，能较长时间生活在一定浓度的有害气体环境中，植株表现出慢性伤害症状（节间缩短、小枝丛生、叶片缩小、生长量下降等），受污染后恢复较慢。

（3）抗性弱的植物，不能长时间生活在被一定浓度的有害气体污染的环境中，受污染时，生长点干枯，叶片伤害症状明显，全株叶片受害普遍，长势衰弱，受害后生长难以恢复。

（四）园林植物的环境监测作用

在研究环境污染问题时，经常用理化仪器和生物方法测定环境中的污染物种类和浓度。生物方法主要是植物监测，利用一些对有毒气体特别敏感的植物来检测大气中有毒气体的种类与浓度。

监测植物（指示植物）是指用来监测环境污染的植物。植物监测法包括指示植物法、植物调查法、地衣与苔藓检测法。

（1）指示植物法：通过指示植物对污染的反应了解污染的现状和变化。

一般对大气污染区的指示植物的生长发育情况进行调查，根据指示植物受伤害后所表现出的症状或对植物的生长指标或生理生化指标进行检测，推知大气污染的种类、强度和污染历史。

（2）植物调查法：在污染区内调查植物生长、发育及分布状况等，初步查清大气污染与植物之间的相互关系。

主要观察污染区内现有园林植物的可见症状。轻度污染区敏感植物会表现出症状；中度污染区敏感植物症状明显，抗性中等的植物也可能出现部分症状；严重污染区敏感植物受害严重，甚至死亡绝迹，中等抗性植物有明显症状，抗性较强的植物也会出现部分症状。

（3）地衣与苔藓检测法：地衣、苔藓对环境因子变化非常敏感，而且地衣、苔藓易于栽植，可将地衣、苔藓移栽在监测区域的不同位置或栽种在花盆内，置于各检测点，观察其生长状况，了解环境的污染情况和变化。

一般来说，大气中 SO_2 浓度为 $0.015 \sim 0.105$ mg·m^{-3} 时，地衣绝迹；SO_2 浓度超过 0.017 mg·m^{-3} 时，大多数苔藓植物便不能生存。

三、园林植物对空气的净化作用

植物在进行正常生命活动的同时,还以吸收同化、吸附阻滞等形式消纳大量的污染物质,从而达到净化空气的目的,植物对空气的净化功能主要表现为降尘,吸收有毒气体,减弱噪声,减少细菌,增加空气负离子,吸收二氧化碳,释放氧气,吸收放射性物质等。

（一）降尘

树木有降低风速的作用,植物叶表面不平、多茸毛,树干凹凸不平,能分泌黏性油脂及汁液,吸附大量飘尘。植物滞尘量与树冠大小、叶片疏密度、叶片形态结构、叶面粗糙程度等有关。一般叶片宽大、平展、硬挺不易抖动,叶面粗糙的植物能吸附大量的粉尘。

同一树种树木吸滞粉尘的能力与叶量呈正相关,夏季树木叶量最多,吸尘力最强;冬季树木叶量少,甚至落叶,吸尘力弱。

（二）吸收有毒气体

大多数植物都能吸收一定量的有毒气体而不受伤害。植物通过吸收有毒气体,降低大气中有毒气体的浓度,从而达到净化空气的目的。

在正常情况下,树木中硫的含量为干重的 $0.1\% \sim 0.3\%$,当空气存在二氧化硫污染时,树体中的硫含量会提高 $5 \sim 10$ 倍。氟、氟化物是毒性较大的污染物,在正常情况下,树木中的氟含量为 $0.5 \sim 25 \ \mathrm{mg \cdot cm^{-3}}$,在氟污染区,树木叶片的含氟量会提高几百倍至几千倍。

植物吸收有毒气体的能力与植物种类、叶龄、生长季节、有毒气体的浓度、植物接触污染的时间,以及环境温度、湿度等有关。

植物净化有毒气体的能力与植物对有毒物的积累量呈正相关,还与植物的同化、转移毒气的能力相关。植物从污染区移至非污染区后,植物体内有毒物含量下降得越快,说明植物同化转移有毒气体的能力越强。

（三）减少细菌

空气中散布着各种细菌,城市大气中存在杆菌 37 种、球菌 26 种、丝状菌 20 种、芽生菌 7 种,其中有不少是对人体有害的病菌。

绿色植物可以减少空气中的细菌数量:一方面,植物有降尘作用,能减少细菌载体,使大气中的细菌数量减少;另一方面,植物本身具有杀菌作用,许多植物能分泌出杀菌素,杀死细菌、真菌。

（四）减弱噪声

噪声是一种特殊的空气污染,它会影响人的睡眠和休息,损伤听觉,严重时还会引发多种疾病。

园林植物能明显的降低噪音:一方面,声波投射到枝叶上会被不规则反射而使声能减弱;另一方面,声波会造成枝叶微微振动而使声能消耗,从而减弱噪音。

树冠外缘的凹凸程度和树叶的软硬、形状、大小、厚薄、光滑程度等都会影响减弱噪声的效果。

声音的共振频率与树枝的高度呈正相关,较低树枝在 300 Hz 处、上部树枝在 1 000 Hz 处最易激发共振,成片树林的宽度越宽,减噪效果越强。

一般在培育防噪声林带时,应选用常绿灌木和常绿乔木,总宽度为 $10 \sim 15 \ \mathrm{m}$,灌木绿篱宽度与高度不低于 1 m,树木带中心的高度大于 10 m,株间距以不影响树木生长成熟后树冠的展开为宜,若不设常绿灌木绿篱,则应配植小乔木,使枝叶尽量靠近地面,以形成整体的绿墙。

(五)增加空气负离子

空气分子或原子在受外界包括自然的或人为的因素作用下,会形成空气正、负离子。

空气负离子的平均浓度:陆地上为 650 个·cm^{-3},但是分布不均匀,城市居室为 40～50 个·cm^{-3},街道绿化地带为 100～200 个·cm^{-3},旷野郊区为 700～1 000 个·cm^{-3},森林地区可达 10 000 个·cm^{-3} 以上。

太阳光照射到植物枝叶上会发生光电效应,促进空气发生电离,加上园林绿地有减少尘埃的作用,因此大大提高了林区和绿地空气中负离子浓度。

(六)吸收 CO_2,释放 O_2

CO_2 是光合作用的原料,但当空气中 CO_2 含量很高时,就会危害人类健康。

植物通过光合作用吸收 CO_2,排出 O_2,又通过呼吸作用吸收 O_2,放出 CO_2。植物在正常的生长发育过程中,通过光合作用吸收的 CO_2 是通过呼吸作用放出的 CO_2 的 20 倍,因此,植物有利于减少空气中的 CO_2 含量,增加 O_2 含量。

(七)吸收放射性物质

植物不但可以阻隔放射性物质和辐射的传播,而且可以起到过滤和吸收的作用。在有辐射污染的厂矿或带有放射性污染的科研基地周围设置一定结构的绿化防护林带,选择一些抗辐射性强的树种,可以减少放射性污染。落叶阔叶树比常绿针叶树吸收放射性物质的能力强。

四、风与园林植物

(一)城市的风

城市具有较大粗糙度的下垫面,摩擦系数较大,因此城市的风速一般比郊区、农村的风速低 20%～30%。

在城市内部,局部差异很大,有些地方风速极小,有些地方风速极大。原因在于:当风吹过鳞次栉比的建筑物时,会因阻碍、摩擦产生不同的升降气流、涡流和绕流等,致使风的局部变化更为复杂;街道的走向、宽度及绿化情况,以及建筑物的高度及布局,使不同地点获得的太阳辐射有明显差异,在局部地区形成热力环流,导致城市内部产生不同的风向和风速。

(二)风对园林植物的生态作用

风对植物的生态作用是多方面的,它既会直接影响植物(如风媒、风折等),又会影响环境中温度、湿度、大气污染的变化,从而间接影响植物的生长发育。

1. 风对植物繁殖的影响

风可影响风媒植物的繁殖,有些种子靠风传播到远处,称为风播种子。无风时风媒植物不能授粉,风播种子不能传播到他处。

2. 风对植物生长的影响

风对植物生长的影响主要表现在以下几个方面。

(1) 风对植物的蒸腾作用有极显著的影响,风速为 0.2～3 $m·s^{-1}$ 时,会使蒸腾作用加强 3 倍,而蒸腾作用过大时,根系不能供应足够的水分供蒸腾所需,叶片气孔关闭,光合强度

下降,植物生长减弱。

（2）盛行一个方向的强风常使树冠畸形,因为向风面的芽常死亡,背风面的芽受风力较小,成活较多,枝条生长相对较好。

（3）风会降低大气湿度,破坏正常的水分平衡,常使树木生长不良、矮化。

3. 风对植物的机械损伤

风对植物的机械损伤主要是指折断枝干、拔根等,其危害程度主要取决于风速、风的阵发性和植物的抗风性。风速超过 $10~\text{m} \cdot \text{s}^{-1}$,风就会对树木产生强烈的破坏作用。风倒、风折会给一些古树造成很大危害。各种树木对大风的抵抗力是不同的。同一种树扦插繁殖比播种繁殖根系浅,容易倒伏。稀植的树木和孤立木比密植的树木更易受风害。

（三）防风林带的作用

植物能减弱风力,降低风速。乔木的防风效能大于灌木的防风效能,灌木的防风效能又大于草本植物的防风效能,阔叶树比针叶树防风效能好,常绿阔叶树的防风效能又优于落叶阔叶树。防风林带宜选培深根性、材质坚韧、叶面积小、抗风力强的树种。在透风系数及其他特征相同的条件下,林带的防风距离与林带树高呈正相关。防风林带宽度对防风效能有影响,但并不是林带越宽越好。紧密结构的林带的防风效能随林带宽度的减小而增强,但同时防风距离相应减小。林带的防风效能还与风向与林带夹角有关。

【复习思考】

（1）园林植物对空气的净化作用有哪些?

（2）大气污染对园林植物的危害有哪些?

项目9 植物生长生态环境调控

【项目目标】

了解生态环境的基本原理和生态系统的观点,加强生态环境意识,树立人与自然协调相处的观念,掌握常见生态环境问题的调控方法。

【项目说明】

由生物构成的种群和群落,既是生态系统的重要组分,又是生态系统能量流动和物质循环的核心。分别从个体、种群和群落水平研究生物与生物之间、生物与环境之间的相互关系及其作用规律,是生态学研究的基础和核心,也是农业生态系统调节控制和系统生产力提高的理论基础。

任务1 植物生长的生态环境认知

【任务重点】

植物种内关系的种类和特点,植物种间关系的特点与应用,植物与动物和微生物之间的关系及应用。

【任务难点】

植物种内竞争的特点与应用,植物化感作用的特点及在生产中的应用。

【任务内容】

一、农业生态系统的概念

(一) 生态系统

1. 生态系统的定义

生态系统是指在一定的空间内的全部生物和非生物环境相互作用形成的统一体。景观生态学不仅在"垂直"方向上研究特定地点上的生物和环境的相互关系,而且在"水平"方向上研究异质区域间的相互影响,把特定地点上的同质区域称为景观元素。

2. 生态系统的基本组分

生态系统在结构上包括两大组分:环境组分和生物组分。环境组分包括辐射、气体、水和土体。生物组分包括生产者、大型消费者和小型消费者(分解者)。

3. 生态系统区别于一般系统的特点

生态系统区别于一般系统的特点如下。

(1) 组分上包括生物,生物群落是生态系统的核心。

(2) 空间上有明显的地域性。

（3）具有明显的时间特征,具有从简单到复杂、从低级到高级的发展演变规律。

（4）系统的各组分间处于动态的平衡中。各生态系统都是程度不同的开放系统,不断地从外界输入能量和物质,经过转换变为输出,从而维持系统的有序性。

4. 主要的生态系统类型

根据环境的性质,可将生态系统分为森林生态系统、草原生态系统、农田生态系统、淡水生态系统、海洋生态系统。

根据受人类干扰的程度,可将生态系统分为自然生态系统、人工驯化的生态系统、人工生态系统。

（二）农业生态系统

1. 农业生态系统的定义

农业生态系统是农业生物与环境之间的能量和物质联系建立起来的功能整体。农业生态系统是驯化的生态系统,既受生态规律的制约,也受经济规律的制约。

2. 农业生态系统的基本组分

（1）生物组分:包括农作物、家畜、家禽、家鱼、家蚕等,以及与这些生物有密切联系的病虫害、杂草等,其中的大型消费者也包括人。

（2）环境组分:受到人类的不同程度的调节和影响,而有些环境如温室、禽舍等则完全是人工环境。

3. 农业生态系统的基本功能

（1）能量流:农业生态系统除输入太阳能外,还输入人工辅助能。

（2）物质流:各种化学元素在生态系统中被生物吸收并传递,在生物与环境之间,以及生物与生物之间形成连续的物质流。

（3）信息流:农业生态系统通过信源的信息产生、信道的信息传输和信宿的信息接收形成信息流。

（4）价值流:价值可以在农业生态系统中被转换成不同的形式,并可以在不同组分间转移。

二、植物与其他生物的关系

在自然界中,我们罕见以孤立的个体长期存在的生物,常见的往往是在一定的区域中生长着的同种植物的个体群,它们或构成明显的单优势群体,或与其他植物群体混生。因此,植物不仅与非生物因子有着密切关系,而且与其周围生长的同种植物（种内）和不同种植物（种间）也同样有着千丝万缕的联系。除此之外,在植物生长的区域内一定还生存着相应的动物和微生物。通常将一定空间里同种个体的集合称为种群,而将种群个体间的关系称为种内关系,如个体间的授粉关系、繁殖关系、竞争关系等;将同一生境中不同种群间的关系称为种间关系。

（一）种内关系

种群是一个客观的生态生物学单位,是具有自己独立的特征、结构和机能的整体,故在讨论种内关系时,不能忽略其种群的属性。这里仅从种群的分布格局、种内繁殖与增长、种内竞争、种内化感作用等方面来说明种间关系。

1. 种群的分布格局

每个种群的个体空间分布方式或配置特点称为种群的分布格局,它与该种群内、外条件及物种特性有关。种群的分布格局一般分为群聚型、随机型和均匀型等三种类型。

2. 种内繁殖与增长

植物的个体本身可以进行繁殖,包括营养繁殖、无性繁殖、自花授粉繁殖及同株异花授粉繁殖等。

植物种群内个体与个体间的杂交在高等植物中更为常见。各个个体基因型的相对稳定是种群繁殖的基础,但个体间的基因型并不完全相同,同时其生长又受环境条件的影响,各自的表现型常常有些差异。因而,种群个体内在的生存和繁殖差异(变异),使得那些能比较好地适应环境的个体产生更多的后代,并在自然选择中保留下来。

3. 种内竞争

在自然界中,一株植物必须占据一定的空间才能获得阳光、雨水、营养物质等必要的生存条件,因此,在有限的生境中,随着个体的增长或数量的增多,所占据的空间越来越大,对资源的需求越来越大,竞争越来越激烈,这也将导致对每个个体的影响,如加大死亡率和降低出生率等。由此可以看出,种内竞争是与种群密度相关的。

1) 最终产量恒定法则

最终产量恒定法则是指在相同条件和一定空间内,当种群密度达到一定值之后,再增加种群密度,其最终产量是基本一致的。

2) 自疏现象

自疏现象是指在一定空间内,植物生长或种群密度不断增加导致种群密度下降的现象。

4. 种内化感作用

在农业生产中,有些作物是不宜连作的,如果连作,就会发现后茬作物生长受限,产量降低。造成这种现象的原因往往是同种作物所残留的物质(如根系分泌物、枯枝落叶根系降解后产生的化学物质)抑制了下茬作物的生长。这就是种内化感作用。

(二) 种间关系

从理论上看,两个物种之间的相互作用的基本形式有无作用、正作用和负作用三种。

1. 竞争

竞争是指同种或异种的两个或两个以上的个体生长于同一生境中利用共同的有限资源,从而发生对环境资源的争夺而产生的相互抑制的作用。

两个物种越相似,它们的生态需求重叠得就越多,竞争也就越激烈,这一现象被称为高斯假说,现也称为竞争排斥原理,即在一个稳定的环境中,竞争相同资源的两个物种不能无限期共存,其中一个最终会成为优势物种。

2. 共生

共生可以分为互利共生、竞争共生、偏利共生、偏害共生、无关共生。互利共生是指共生双方生活在一起对彼此都有利的共生。偏利共生是指共生双方的关系只对一方有利,对另一方无影响的共生。偏害共生是共生双方的关系只对一方有害,而对另一方无影响的共生。

3. 寄生

寄生是指某一物种的个体依靠另一物种个体的营养而生活的现象。寄生于其他植物上

并从中获得营养的植物称为寄生植物,如菟丝子。有些植物为半寄生植物,如槲寄生,而有些寄生植物为全寄生植物,如大花草。

4. 种间化感作用

种间化感作用即植物通过向环境释放化学物质而产生促进或抑制其他植物生长的效应。植物一般通过地上部分茎叶挥发、淋溶和根系分泌物及植物残株的分解等途径向环境中释放化学物质,从而影响周围植物(受体植物)的生长和发育,它在森林更新、植被演替及农业生产中具有重要的意义。

植物所产生的化感物质能明显影响种间关系。化感作用的研究,对农林业生产具有很大意义。

(三)植物与动物和微生物之间的关系

植物与动物和微生物之间的关系表现在多个方面,包括:植物为动物提供直接或间接的食物来源,为动物提供栖息地;动物为植物传粉、传播种子或果实,控制群落生长;植物为微生物提供食物,与微生物共生等。

无论植物与动物和微生物间的关系如何,这些关系的形成都是它们之间长期适应、进化的结果,有些甚至是协同进化的结果,如蜂鸟传粉。

【复习思考】

(1)简述植物种内关系的特点与生产中的应用。

(2)简述植物种间关系的特点与生产中的应用。

(3)简述植物与动物和微生物之间的关系及应用。

任务 2　农业生态系统的生物环境

【任务重点】

自然环境的生态因子在农业生产上的应用,人工环境的特点及在农业生产上的应用。

【任务难点】

自然环境在农业生产上的应用,人工环境对植物的影响,生物环境对植物的影响。

【任务内容】

一、自然环境

自然环境是生态系统中作用于生物的外界条件的总和,包括生物生存的空间及维持生命活动的物质和能量。自然环境中一切影响生物生命活动的因子均称为生态因子,如辐射强度、温度、湿度、土壤酸碱度、风力等。太阳辐射及地球表面的大气圈、水圈和土壤圈综合影响着这些生态因子。

1. 太阳辐射

地球上生命存在的能量主要来自太阳辐射。太阳辐射有两种功能:一种功能是通过热能形式温暖地球,使地球表面的土壤、水体变热,推动水循环,引起空气和水的流动,为生物生长创造合适的温度条件;另一种功能是通过光能形式被绿色植物吸收,并通过光合作用形成碳水化合物,将能量储存在有机物中。

2. 大气圈

大气圈是地球表面包围整个地球的一个气体圈层。大气的主要成分是氮气、氧气、氢气和二氧化碳。大气圈供给生物生存所必需的各种元素,而且在提供保护地面生物的生存条件中起着重要的作用。大气圈不仅防止了地球表面温度的急剧变化和水分的散失,而且防止了地面的生物遭受外层空间多种宇宙射线的辐射。

3. 水圈

水是细胞原生质的组分和光合作用的原料,是各种物质运输的媒介,是生物体内各种生化反应的溶剂;水有较高的汽化热和比热,可以调节和稳定气温。

4. 土壤圈

土壤具有独特的结构和化学性质,是固相、液相、气相共存的三相体系,具有巨大的吸收能力与储藏能力,为生物的生长提供了适宜的条件。土壤不仅是植物生长繁殖的基础,而且是物质和能量储存和转化的重要场所。

二、人工环境

农业生态系统是人类干预下的生态系统。广义的人工环境包括所有受人类活动影响的环境,可以分为人工影响的环境和人工建造的环境。

1. 人工影响的环境

人工影响的环境是指在原有的自然环境中,人的因素促使其发生局部变化的环境。例如,为改变局部地区的气候,控制水土流失,使农作物高产、稳产,而人工经营的森林、草地、防风林、水保林等,以及为控制旱涝灾害而兴建的水利工程等,这些人工影响的环境在不同程度上仍然依赖于大自然。

2. 人工建造的环境

人工建造的环境是指人类根据生物生长发育所需要的外界条件进行模拟或塑造的环境,如无土栽培环境、大棚温室环境、集约化养殖环境等。

三、环境对生物的制约

(一)最小因子定律

植物的生长取决于数量最不足的那一种营养物质,即最小因子定律。最小因子定律的两点补充说明:第一点,这一定律只有在相对稳定的状态下才能运用;第二点,要考虑因子间的相互作用。

(二)谢尔福德耐性定律

在生物的生长和繁殖所需要的众多生态因子中,任何一个生态因子在数量上的过多、过少或质量不足,都会成为限制因子,即对具体生物来说,各种生态因子都存在着一个生物学的上限和下限(或称为临界值),它们之间的幅度就是该种生物对某一生态因子的耐性范围(又称为耐性限度)。谢尔福德耐性定律的补充说明如下。

(1)同一种生物对各种生态因子的耐性范围不同,对一种生态因子的耐性范围很广,而对另一种生态因子的耐性范围可能很窄。

(2)不同种生物对同一生态因子的耐性范围不同。对主要生态因子耐性范围广的生

物,其分布也广。仅对个别生态因子耐性范围广的生物,可能受其他生态因子的制约,其分布不一定广。

（3）同一生物在不同的生长发育阶段对生态因子的耐性范围不同。通常在生殖生长期对生态条件的要求最严格,繁殖期的个体、种子、卵、胚胎、种苗和幼体的耐性范围一般都要比非繁殖期的窄。例如,在光周期感应期内对光周期要求很严格,在其他发育阶段对光周期则没有严格要求。

（4）由于生态因子的相互作用,当某个生态因子不是处在适宜状态时,则生物对其他一些生态因子的耐性范围将会缩小。

（5）同一生物种内的不同品种,长期生活在不同的生态环境条件下,对多个生态因子会形成有差异的耐性范围,即产生生态型的分化。

任何一种生物,对自然环境中的各种理化生态因子都有一定的耐性范围,耐性范围越广的生物,适应性越广。据此,可将生物大体分为广适性生物和窄适性生物。

（三）生活型和生境

1. 生活型

由于环境对生物的限制作用,不同种的生物长期生存在相同的自然生态条件和人为培育条件下,会发生趋同适应,经过自然选择和人工选择形成具有类似形态、生理和生态特性的物种类群,这种物种类群称为生活型。生活型是生物对综合环境条件的长期适应,而在外貌上反映出相似性和一致性的生物类型。

植物生活型分类系统是以温度、湿度、水分作为指示生活型的基本要素,以植物度过生活不利时期对恶劣条件的适应方式为基础,以休眠芽或复苏芽所处的高低和保护方式为依据而建立的。

1）高位芽植物

这类植物的芽和顶端嫩枝位于离地面较高处的枝条上,如乔木、灌木和一些生长在热带潮湿气候条件下的草本植物等。高位芽植物根据体型可分为大型（30 m 以上）、中型（8～30 m）、小型（2～8 m）及矮小型（0.25～2 m）四类,根据植物是常绿还是落叶及是否具有芽鳞这两类特征,又可进一步划分为 15 个亚类。

2）地上芽植物

这类植物的芽或顶端嫩枝位于地表或接近地表处,一般都不高出土表 30 cm,因此它们受土表的残落物所保护,在地表积雪地区也受积雪的保护。

3）地面芽植物

这类植物在不利季节,植物体地上部分死亡,只有被土壤和残落物保护的地下部分仍然活着,并在地面处有芽。

4）地下芽植物

这类植物度过恶劣环境的芽埋在土表以下,或位于水体中。

2. 生境

在环境条件的制约下,具有特定生态特性的生物种和生物群落,只能在特定的小区域中生存,这个小区域就称为该生物种或生物群落的生境。生境也称为栖息地。

四、生物对自然环境的适应

(一) 生态型

根据形成生态型的主导生态因子类型的不同,可以将植物生态型划分为气候生态型、土壤生态型和生物生态型三种。

1. 气候生态型

气候生态型是指长期适应不同的光周期、气温和降水等气候因子而形成的生态型,例如,水稻的早、中、晚稻属于不同的光照生态型,而籼稻、粳稻则属于不同的温度生态型。

2. 土壤生态型

土壤生态型是指长期在不同的土壤水分、温度和肥力等自然和栽培条件的作用下分化而形成的生态型,例如,水稻和陆稻是由于土壤水分条件的不同而分化形成的土壤生态型。

3. 生物生态型

生物生态型是指主要在生物因子的作用下形成的生态型,例如,对病、虫、草具有不同抗性的各种作物品种群。

(二) 生态位

生态位是指生物完成其正常生活周期所表现的对特定生态因子的综合适应位置,即以某一生物的每一个生态因子为一维,以生物对生态因子的综合适应性为指标构成的超几何空间。

物种对环境的潜在综合适应范围称为基础生态位,而实际占据的生态位称为实际生态位。实际生态位比基础生态位要小。

五、生物对自然环境的影响

生物不只是简单地、被动地接受环境的种种影响,同时也会对其生存的环境产生多方面的影响,或者不同程度地改善环境条件,使环境变得更有利于生物生存,或者对环境资源和环境质量造成不良影响。

1. 森林的生态效应

森林的生态效应主要有:涵养水源,保持水土;调节气候,增加雨量;防风固沙,保护农田;净化空气,防治污染;降低噪音,美化大地;提供燃料,增加肥源。

2. 淡水水域生物的生态作用

淡水水域生物的主要生态作用是:吸收水中的各种矿质养分,保持水体一定的洁净程度,增加水体的溶氧量,对水体理化特性的变化起主导作用,同时形成水域生态系统的初级生产力。

3. 草地生物的生态效应

牧草特别是豆科牧草,能改良土壤。牧草还能增加植被覆盖度,涵养水分,保持水土,固定流沙。

4. 农田生物的生态效应

农田生物的生态效应主要表现在对土壤肥力的影响、对水土保持的影响、对农田小气候的影响、对净化环境的作用等方面。

【复习思考】

（1）简述自然环境的特点及在生产中的应用。

（2）简述人工环境的特点及在生产中的应用。

（3）简述生物对自然环境的影响。

任务3　农业生态系统的生物种群

【任务重点】

种群的定义与结构,种群的动态,种群间的相互作用,种群的生态对策。

【任务难点】

种群的结构,种群间的相互作用,环境的调节作用在农业生产上的应用。

【任务内容】

一、种群的定义

种群是指在某一特定时间中占据某一特定空间的一群同种的有机体的总称,或者说一个种群就是在某一特定时间中占据某一特定空间的同种生物的集合体。

二、种群的结构

（一）种群的大小和密度

1. 种群的大小

种群的大小是指一定面积或容积内某个种群的个体总数,例如,某个鱼塘中草鱼的总数。

2. 种群的密度

种群的密度是指单位面积或容积内某个种群的个体总数,如每公顷水稻的株数。种群的密度可以分为粗密度和生态密度。粗密度(又称为天然密度)是指单位空间内某个种群的实际个体数量(或生物量),生态密度是指单位栖息空间内某个种群的个体数量(或生物量)。

（二）种群的年龄结构和性比

1. 龄级比

若一个种群中的不同个体具有不同的年龄,则可按一定的年龄分组,统计各个年龄组个体数占种群总个体数的比率。

种群的年龄结构是指各个年龄级的个体数在种群中的分布情况,它是种群的一个重要特征,既影响种群的出生率,又影响种群的死亡率。

2. 年龄锥体

年龄锥体由自下而上的一系列不同宽度的横柱组成,横柱的高低位置表示由幼年到老年的不同龄级,其宽度表示各龄级组的个体数或其所占的百分比(见图9-1)。

（1）增长型种群:年龄结构呈典型的金字塔形,种群中有大量的幼体和极少的老年个体,种群的出生率大于死亡率。

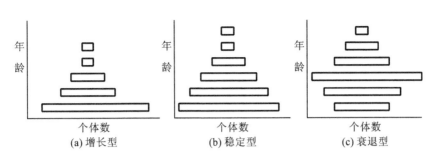

图 9-1　年龄锥体的基本类型

（2）稳定型种群：每一龄级的个体死亡数接近于进入该龄级的新个体数，种群数量相对稳定。

（3）衰退型种群：种群中幼体比例很小，而老年个体比例较大，出生率小于死亡率，种群趋于衰退甚至消失。

3. 性比

性比是指一个雌雄异体的种群所有个体或某个龄级的个体中雄性与雌性的比例。性比是种群结构的一个要素，它反映了种群产生后代的潜力。

（三）种群的出生率和死亡率

1. 出生率

出生率是指种群产生新个体的能力。最大出生力（潜在出生力）是指不受任何生态因子限制，种群处于理想状态时产生新个体的最大能力，反映了该生物的特性。实际出生力（生态出生力）是指种群在一定的环境条件下，产生新个体的能力，反映了环境对该种群的影响。

2. 死亡率

死亡率是指单位时间内种群死亡的个体数。最低死亡率是指种群处于理想状态时的死亡率。实际死亡率是指种群在一定的环境条件下的死亡率，又称为生态死亡率，不仅受环境条件的影响，而且受种群大小和年龄组成的影响。

（四）种群的内禀增长率

内禀增长率是指在没有任何环境因素（食物、领地和其他生物）限制的条件下，由种群内在因素决定的、稳定的最大增殖速度，也称为生物潜能或生殖潜能。种群的内禀增长率与观测到的种群实际增长率之差可以看作环境阻力的度量。环境阻力就是妨碍种群内禀增长率实现的环境限制因素的总和。

（五）种群的空间分布

由于自然环境（栖境）的多样性，以及种内、种间个体之间的竞争，每一个种群都呈现出特定的分布形式。种群的空间分布有三种基本类型，即随机的、均匀的、成丛的（或聚集的）。

三、种群的动态

（一）生命表和存活曲线

生命表又称为寿命表或死亡率表，它可用来综合评定种群各年龄组的死亡率和寿命，预测某一年龄组的个体寿命，还可以反映出不同年龄组的个体比例情况。

依据生命表可以绘制存活曲线（见图 9-2）。存活曲线是反映种群在每个年龄级生存的

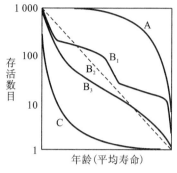

图 9-2 存活曲线图

数目的曲线。存活曲线是以平均寿命为横坐标,以相应的存活数目或存活率为纵坐标在平面内绘制而成的。通常纵坐标取存活数目的对数,这样可使图形更加直观。存活曲线通常分为三种基本类型。

A 型:凸形的存活曲线。表示种群在接近生理寿命前,死亡率一直很低,直到生命末期死亡率才升高。许多大型动物包括人类属于或接近于这种类型。

B 型:呈对角线的存活曲线。即种群下降的速率从开始到生命后期都是相等的,表明在各个时期的死亡率是相等的。典型的 B_2 型曲线在自然界是不多的。B_1 为阶梯形曲线,表明在生活史各个时期的存活率变化激烈,差别很大,在生活史中存在若干非常危险的时期,如完全变态的昆虫即属于这一类型。B_3 曲线为 S 形,它表示幼体的死亡率较高,但到成年期死亡率降低,直到达到较为稳定的状态。

C 型:凹形的存活曲线。表示幼体的死亡率很高,之后的死亡率低而稳定。属于这种类型的有鱼类、两栖类、海产无脊椎动物和寄生虫等。

(二)种群的增长型

1. 指数增长(J 形增长)

种群在无食物和生存空间限制的条件下呈指数式增长,种群个体的平均增长率不随时间变化(见图 9-3)。

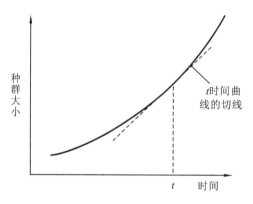

图 9-3 J 形增长图

2. 逻辑斯蒂增长(S 形增长)

在自然条件下,环境、资源条件总是有限的,当种群数量达到一定量时,增长速度开始下降,种群数量越多,竞争越剧烈,增长速度也越小,直到种群数量达到环境容纳量(K)并维持下去。逻辑斯蒂增长呈 S 形(见图 9-4)。

多数生物的增殖,包括水稻和小麦的分蘖数的增长基本上属于 S 形增长。多数种群在自然界由于受年龄结构、密度、食物和环境条件的影响,其增长的类型是多种多样的,种群数量变化的 J 形和 S 形增长只是两种典型情况(见图 9-5)。

四、种群间的相互作用

生物种间存在着各种相互依存、相互制约的关系。根据相互作用的性质,可以将种群间

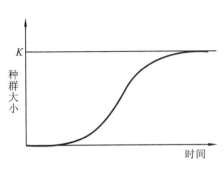

图 9-4　S 形增长图

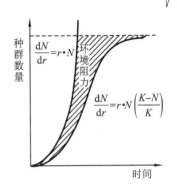

图 9-5　典型的 J 形和 S 形增长图

的相互作用分为负相互作用、正相互作用和中性作用。

（一）负相互作用

1. 竞争

竞争是指两个生物争夺同一对象而产生的对抗作用。发生在两个或更多个物种个体之间的竞争称为种间竞争，而发生在同一种群个体间的竞争称为种内竞争。

2. 捕食

狭义的捕食是指肉食动物捕食草食动物。捕食和被捕食的关系是控制种群增长的一种作用力。在一个稳定的生态系统中，捕食者与被捕食者之间由于相互制约的关系，保持着相对平衡的状态。同时，由于共同进化的结果，捕食者和被捕食者、寄生者和寄主之间的负相互作用趋向于减弱。

3. 寄生

寄生是指一个物种（寄生者）寄居于另一个物种（寄主）的体内或体表，从而摄取寄主的养分以维持生活的现象。

4. 偏害作用

偏害作用是指某些生物产生的化学物质对其他生物有毒害作用。如青霉产生的青霉素可以杀死多种细菌。

（二）正相互作用

1. 偏利作用

偏利作用又称为单惠共生，是指相互作用的两个种群一方获利，而对另一方则没什么影响。

2. 原始合作

原始合作是指两种生物在一起，彼此各有所得，但二者之间不存在依赖关系。

3. 互利共生

互利共生是一种专性的、对双方都有利并能形成相互依赖和直接进行物质交流的共生关系。

（三）次生代谢物在种间关系中的作用

次生代谢物是一些非基本生命活动所必需的物质，与生物的基础代谢无直接的关系，主要是生物碱、萜类、黄酮类、醌类、酚酸类、脂族化合物、非蛋白质氨基酸、聚乙炔类、生氰糖

甙、单宁、多环芳香族化合物等。

化学生态学是研究生物之间,以及生物和非生物环境之间化学联系的科学。生物的次生代谢产物是生物之间建立化学联系的媒介。

五、种群的生态对策

一切生物都处在一定的选择压力(竞争、捕食、寄生等)之下,每种生物对特定的生态压力都会采取许多不同的生态对策或行为对策。

生态对策就是生物为适应环境而朝不同方向进化的"对策"。生态对策有两种基本类型,即 K-对策和 r-对策。

1. K-对策的生物

K-对策的生物,个体较大,寿命较长,存活率较高,要求有稳定的栖息环境,不具较大的扩散能力,但有较强的竞争能力,其种群密度较稳定。

2. r-对策的生物

r-对策的生物,个体较小,寿命较短,存活率较低,但增殖率高,具较大的扩散能力,能适应多变的栖息环境,其种群密度常出现大起大落的波动。

K-对策的生物,遭到激烈的变动后,返回平衡的时间长,种群容易走向灭绝,如大象、鲸鱼、恐龙、大型乔木等,这类生物对稳定生态系统有重要作用,应加强保护。r-对策的生物虽竞争力弱,但繁殖率高,平衡受破坏后返回的时间短,灭绝的危险性小。

六、种群调节和有害种群的综合防治

(一)种群调节

种群调节是指对种群数量的控制。种群的调节是物种的一种适应性反应。

1. 密度制约

密度制约是指密度因子对种群大小的调节过程,有种内调节、种间牵制两种情况。

2. 非密度制约

非密度制约主要指非生物因子(包括气候因素、污染物、化学因素等)对种群大小的调节过程。

(二)农业有害生物种群的综合防治

有害生物是指造成农业生物不可忽略的损失的生物,包括各种有害昆虫、病原菌、杂草及其他有害的动物等。

有害生物的综合防治是指根据有害物种有关的环境和种群动态整体,尽可能协调地应用一切合适的技术和方式,使有害种群数量保持在低于经济损失水平以下的有害生物管理系统。害虫综合防治的措施包括生物防治、化学防治、农业技术防治、抗性品种的应用、动植物检疫、物理防治等。

【复习思考】

(1)简述种群结构的特点及应用。

(2)简述种群的动态特点及在农业生产上的应用。

(3)简述种群间的相互作用在农业生产上的应用。

任务 4　农业生态系统的生物群落

【任务重点】

生物群落的基本特征,生物群落的结构特点,生物群落的演替特点。

【任务难点】

群落的特征与应用,群落的结构在生产上的应用,群落的演替。

【任务内容】

生物群落是指在一定地段或生境中各种生物种群所构成的集合。

一、群落的基本特征

(一) 群落的特征

群落的特征有以下几点。

(1) 具有一定的种类组成。群落是由一定的植物、动物和微生物种类组成的,为研究的方便,常把群落按物种分为植物群落、动物群落和微生物群落等。

(2) 具有一定的结构。群落本身具有一定的形态结构和营养结构,如生活型组成、种的分布格局、成层性、季相、捕食者和被食者的关系等。

(3) 具有一定的动态特征。群落是生态系统中有生命的部分,生命的特征就是不断运动,群落也是如此,其运动形式包括季节变化、年际变化,演替与演化等。

(4) 不同物种之间存在相互影响。群落中的物种以有规律的形式共处,即是有序的。一个群落的形成和发展必须经过生物对生物的适应和生物种群的相互适应。

(5) 具有一定的分布范围。任何一个群落只能分布在特定的地段和生境中,不同群落的生境和分布范围不同。全球范围内的群落都是按一定的规律分布的。

(6) 形成一定的群落环境。生物群落对其居住环境会产生重大影响。

(7) 具有特定的群落边界特征。在自然条件下,有的群落有明显的边界,有的群落边界不明显。前者多见于环境梯度变化较陡,或者环境梯度突然中断的情形,如陆地和水环境的交界处(湖泊、岛屿)等。

(二) 群落的类型与分布

群落的分布往往受环境梯度的制约,表现出明显的纬度地带性、经度地带性和垂直地带性。

1. 纬度地带性

纬度地带性主要受温度梯度的影响。北半球欧亚大陆从南到北,随着纬度增加,热量减少,形成了以热量为主的环境地带性分布,从南到北植被类型依次是热带雨林、季雨林、常绿阔叶林、落叶阔叶林、针叶林、草原、荒漠。

2. 经度地带性

经度地带性主要受水分梯度的影响。我国从东到西因距海远近造成水分的差异,相应分布着湿润森林、半干旱草原、干旱荒漠等不同的植被类型。

3. 垂直地带性

随着海拔高度的增加,地形、地势、热量和水分等环境因子条件会发生变化,相应物种的分布也会受到影响。以台湾玉山西北坡为例,从山脚到山顶植被群落依次是热带雨林、山地雨林、樟栎常绿阔叶林、常绿落叶阔叶混交林、针阔叶混交林、落叶阔叶林、暖温带针叶林、亚高山针叶林、山顶矮林、杜鹃灌丛。

二、群落的结构

(一) 群落的水平结构

群落的水平结构是指群落在水平方向上的配置状况或水平格局,也称为群落的二维结构。农业生产中的农、林、牧、渔,以及各业内部的面积比例及其格局是农业生态系统的水平结构。控制农业生物群落的水平结构有以下两种基本方式。

(1) 在不同的生境中因地制宜选择合适的物种,宜农则农,宜林则林,宜牧则牧。

(2) 在同一生境中配置最佳密度,并通过饲养、栽培手段控制密度的发展。各种农作物和果树及林木的种植密度、鱼塘的养殖密度、草场的放牧量等都对群落的水平结构及产量有重要影响。

(二) 群落的垂直结构

群落的垂直结构是群落充分利用空间的一种途径。如森林群落的分层和水体中不同藻类的分层等。

常见的农业生物的垂直结构有作物的间套作、稻田养鱼、鱼塘养鸭、鱼的分层放养等。

(三) 群落的时间结构

光、温度和水分等很多环境因子都有明显的时间节律(如昼夜节律、季节节律等),受这些因子的影响,群落的组成和结构也随时间序列发生有规律的变化,这就是群落的时间结构。时间结构是群落的动态特征之一,它包括两方面的内容:一是自然环境因素的时间节律所引起的群落各物种在时间结构上相应的周期变化;二是群落在长期历史发展过程中,由一种类型转变成另一种类型的顺序变化,即群落的演替。

(四) 群落的交错区与边缘效应

1. 群落的交错区

群落的交错区是指两个或多个群落或生态系统之间的过渡区域。

2. 边缘效应

边缘效应是指交错区中物种的多样性和种群密度增加,某些生物种的活动强度和生产力增大的现象。

三、群落的演替

群落的演替是指生态系统内的生物群落随着时间的推移,群落种的一些物种消失,另一些物种侵入,出现群落与其环境向着一定方向有顺序地发展、变化。

(一) 自然群落的演替

按群落的发展方向和趋势,可将演替分为进展演替与逆行演替;按演替发生的基质,可将演替分为原生演替和次生演替。

自裸地上或深层水体下开始的演替称为原生演替。在原有植被已被破坏,但保存有土壤和植物繁殖体的地方开始的演替称为次生演替。

(二) 自然群落演替的趋势

无论是原生演替,还是次生演替,生物群落总是由低级向高级、由简单向复杂的方向发展,经过长期不断的演化,最后达到一种相对稳定的状态。

四、协同进化

协同进化是指在种间相互作用的影响下,不同种生物的相关性状在进化中得以形成和加强的过程,实质是在进化的压力下,群落中关系密切的物种之间,相互选择适应性基因的一种作用。

物种的多样性是群落生物组成的重要指标。群落的多样性与物种的丰富度及物种的均匀度密切相关,多样性高则稳定性强,也有学者不同意这种说法,如热带雨林物种多样性高,但更易受人类的干扰而不稳定;相反,沼泽地、滨海群落物种少,但系统却很稳定。

五、生物多样性

(一) 生物多样性的定义

生物多样性是生物及其与环境形成的生态复合体,以及与此相关的各种生态过程的总和。生物多样性主要包括生态系统多样性、物种多样性和遗传多样性。

1. 生态系统多样性

生态系统多样性是指生物及某一生态系统内生境、生物群落和生态过程的多样化,也称为生态多样性,包括生态系统组成的多样性、生态系统类型的多样性、生态系统结构和功能的多样性等。

2. 物种多样性

物种多样性是生物多样性的中心,是生物多样性最主要的结构和功能单位,是指地球上动物、植物、微生物等生物种类的丰富程度。物种多样性包括两个方面:一方面是指一定区域内物种的丰富程度,可称为区域物种多样性;另一方面是指生态学方面的物种分布的均匀程度,可称为生态多样性或群落多样性。

3. 遗传多样性

遗传多样性(基因多样性)包括基因密码的多样性、变异和遗传规律的多样性。

(二) 生物多样性的价值

生物多样性的价值如下。

(1) 为人类提供基本食物,是人类食物的根本和不可替代的来源(现实和潜在)。

(2) 人类药物和衣着的主要来源。

(3) 提供多种多样的工业原料,如木材、纤维、橡胶、造纸原料、天然淀粉、油脂等。

(4) 生物多样性是维护自然生态平衡的基础。

(5) 生物多样性是遗传育种的基因源泉。

六、农业生态系统中的生物多样性

(一) 农业活动对生物多样性的影响

1. 土地的农业利用对生物多样性的影响

随着世界人口的不断增长,越来越多的山林地、沼泽地(湿地)被开发用于发展农业生产。这些土地的农业利用往往使原生境破碎或发生根本性的变化,从而导致生物种类多样性的变化甚至某些物种的灭绝。

2. 农业耕作对生物多样性的影响

耕作会改变土壤的物理环境,如水分、空气、紧实度、孔隙度和温度等,从而对土壤野生生物的多样性产生影响。

3. 农田杂草防治措施对生物多样性的影响

除草剂的使用不仅导致植物多样性减少,而且对一些与植物种密切相关的动物、微生物的多样性也会产生明显的影响。

4. 杀虫剂的使用对生物多样性的影响

农业生产中大量使用杀虫剂、杀菌剂,在有效防治病虫害的同时,对非靶标生物也会产生明显的不良影响。

5. 放牧对草地生物多样性的影响

草原放牧会直接影响植物群落结构和植物多样性。

6. 作物间作、套作、轮作对生物多样性的影响

农田作物间作、套作、轮作可打破单一的作物结构,使作物多样性提高,对昆虫种类和数量的增加和农田生物多样性的提高起着直接的积极作用,同时,作物间作、套作、轮作还有利于控制杂草和虫害,从而减少农药的使用,对于生物多样性的保护起着间接作用。

7. 农业动植物品种改良对农业生态系统中遗传多样性的影响

由于品种单一化易发病,使农家优良品种丧失,遗传多样性减少,因此品种改良是提高农业生产效率的重要手段之一。

(二) 中国农业生物多样性的特殊性

中国农业生物多样性的特殊性主要表现在栽培和养殖物种种类繁多、野生生物种类繁多、物种特有性、生境类型特有性、人为因素直接影响农业物种数量和生境分布等方面。

随着农业种植区域土地集约化利用程度增高,形成了栽培作物单一分布的局面,使传统的多样化种植物种和品种分布面积缩小或消失,造成许多以农业区域为主要栖息地的动物种群大大减少或消失。

(三) 威胁中国农业生物多样性的因素

威胁中国农业生物多样性的因素如下。

(1) 土地过度开发利用:毁林开荒、围湖造田、过度放牧等。

(2) 土地集约化:化肥、农药等高投入,农业措施单一化。

(3) 污染:工业污染、城市垃圾、农业污染等导致生态环境质量和产品质量下降,物种减少。

(4) 物种单一:普遍推广高产品种,使得一些品种的优良性状丧失,野生种类数目下降。

【复习思考】

（1）简述群落的基本特征。

（2）简述群落的结构类型与特点。

（3）简述群落的类型与分布特点。

任务 5　农业生态系统的能量流

【任务重点】

初级生产的能量转化，次级生产的能量转化，生态系统中的辅助能。

【任务难点】

提高农业初级生产力的途径，次级生产的改善途径，农业生态系统能流关系的调整方向。

【任务内容】

任何生命过程无不自始至终贯穿着能量、物质和信息的有组织、有秩序的流动。能量的输入、传递、转化、做功，是生态系统最重要的功能。农业生态系统的能量流动，是体现农业生产持续运转的基本过程。

一、初级生产的能量转化

（一）初级生产中的能量平衡关系

初级生产是指自养生物利用无机环境中的能量进行同化作用，在生态系统中首次把环境的能量转化成有机体化学能，并储存起来的过程。其中，绿色植物光合作用固定太阳能生产有机物的过程，是最主要的初级生产，是生态系统能量流动的基础。初级生产者包括绿色植物和化能合成细菌等。

（二）初级生产力的潜力估算与分析

1. 作物生产力估算的重要意义

作物生产力估算的重要意义如下。

（1）提供作物的理论产量，定量表达在一定的气候、土壤和农业技术水平下作物可能达到的生产能力，预测农业的发展前景。

（2）为国家或地区制定农业发展规划，确定投资方向及有关农业政策提供依据。

（3）是估算土地人口承载能力的基础。

（4）是揭示作物生长发育规律、产量形成与环境条件相互作用的机制，是定量分析资源利用程度、生产潜力、产量限制因素等的有效手段。

2. 初级生产力测定的方法

初级生产力测定的方法主要分为直接测定和间接测定。直接测定是测定初级生产者的生物量，间接测定是通过测定初级生产者的代谢活动的情况，如测定 O_2 或 CO_2 的浓度变化等再对初级生产力进行推（估）算。使用光合作用测定仪测定和利用遥感（卫星）技术间接测定则是比较先进的方法。

（三）提高农业初级生产力的途径

提高农业初级生产力的途径有以下几种。

（1）因地制宜,增加绿色植被覆盖,充分利用太阳辐射能,增加系统的生物量通量或能通量,增强系统的稳定性。

（2）适当增加投入,保护和改善生态环境,消除或减缓限制因子的制约。

（3）改善植物品质特点,选育高光效的、抗逆性强的优良品种。

（4）加强生态系统内部物质循环,减少养分、水分制约。

（5）改进耕作制度,提高复种指数,合理密植,实行间种和套种,提高栽培管理技术。

（6）调控作物群体结构,尽早形成并尽量维持最佳的群体结构。

二、次级生产的能量转化

1. 次级生产的定义

次级生产是指异养生物的生产,也就是生态系统消费者、分解者利用初级生产量进行的同化、生长发育、繁殖后代的过程。

2. 次级生产在农业生态系统中的作用

次级生产在农业生态系统中的作用主要有:转化农副产品,提高利用价值;生产动物蛋白质,改善食物构成;促进物质循环,增强生态系统功能;提高经济价值。

3. 我国农业生态系统的次级生产

在生产结构上,我国应由以猪为主的单一结构向禽、蛋、猪、水产多元结构转变,加快发展家禽。饲料资源高度分散和蛋白质饲料短缺,导致次级生产精料转化效率低,因此我国应大力提高饲料转化率,发展高蛋白质饲料。

4. 初级生产与次级生产的关系

次级生产依赖于初级生产,合理的次级生产能促进初级生产,过度放牧会破坏初级生产,使草原退化。

5. 次级生产的改善途径

次级生产的改善途径主要有:调整种植业结构,建立"粮—经—饲"三元结构;培育、改良、推广优良畜、禽、渔品种;将分散经营改为适度集约化养殖;大力开发饲料,进行科学喂养;改善次级生产构成,发展草食动物、水产业,发展腐生食物链,利用分解能等。

三、生态系统中的辅助能

（一）生态系统中的辅助能类型

生态系统中的辅助能主要有自然辅助能和人工辅助能两种。其中,自然辅助能包括风、雨、流水、潮汐、地热等,而人工辅助能则包括生物辅助能（如劳力、畜力、有机肥、种子等）和工业辅助能。工业辅助能又可进一步细化分为直接工业辅助能（如煤、石油、天然气等）和间接工业辅助能（如化肥、农药、薄膜等）。

（二）人工辅助能对农业增产的意义

人工辅助能对农业增产的意义如下。

（1）人工辅助能能改善不良的生态环境条件,解除环境中一些限制因子的制约,促进农作物对日光能的吸收、利用和转化。

（2）总的来说,随着人工辅助能投入的增加,特别是工业辅助能投入的增加,农作物产量明显提高。

（3）工业辅助能投入的增加也带来了能源短缺、环境污染和成本提高等问题。今后应优化辅助能投入,提高辅助能的利用效率。未来农业应该更多地投入科学技术和信息,替代工业辅助能的直接投入。

（三）农业生态系统的能流特征和转化效率

1. 自然生态系统与农业生态系统的比较

自然生态系统中的辅助能主要是自然辅助能,而农业生态系统中的辅助能包括自然辅助能和人工辅助能。

2. 不同类型农业生态系统的比较

原始农业:辅助能投入少,生产力低。

传统农业:辅助能投入多,生产力相对高。

现代农业:辅助能投入更多,生产力大大提高。

四、生态系统的能量关系

（一）生态系统的能流路径

生态系统的能流路径如下。

（1）太阳辐射能通过光合作用进入生态系统,成为生态系统能量的主要来源。

（2）以植物有机物质形式储存起来的化学潜能,沿着食物链和食物网流动,驱动生态系统完成物质流动、信息传递等功能。

（3）化学潜能储存在生态系统的生物组分内,或者随着产品等输出,离开生态系统。

（4）植物、动物和微生物有机体通过呼吸作用释放热量。

（5）辅助能对以太阳辐射能为起点、以食物链为主线的能量流动起辅助作用。

（二）生态效率和生态金字塔

生态效率是指食物链各环节上的能量转化效率。生态金字塔是指由于能量每经过一个营养级时被净同化的部分都要大大少于前一个营养级,当营养级由低到高时,其个体数目、生物量或所含能量就呈类似埃及金字塔的塔形分布。在自然条件下,每年从任何一个营养级上能收获到的生产量,按能量计只不过是它前一个营养级生产量的十分之一左右。

（三）能量与人类社会的发展

能量是生态系统一切过程的驱动力,能量的开发利用是人类社会发展的必要条件。当今世界经济和农业的发展是以能量消耗的增加为条件的。

（四）农业生态系统能流关系的调整方向

农业生态系统能流关系的调整方向如下。

（1）重视初级生产,扩大绿色植物面积,提高光能利用效率,为稳定环境和扩大能流规模奠定基础。

（2）调整生物组合,优化农业生态系统结构。

（3）开发农村新能源,提高生物能的利用效率。

（4）开发和推广节能降耗技术。

（5）优化人工辅助能投入，提高能量的利用效率。

（6）大力发展农业科技和信息产业。

【复习思考】

（1）提高农业初级生产力的途径有哪些？

（2）次级生产的改善途径有哪些？

（3）农业生态系统能流关系的调整方向有哪些？

任务 6　农业生态系统的效益与调节控制

【任务重点】

农业生态系统的效益与调节控制，我国的生态问题及防治，农业生态系统的调节控制特点。

【任务难点】

水土流失的原因、危害及防治，沙漠化的原因、危害及防治，土壤盐碱化的原因、危害及防治。

【任务内容】

一、农业生态系统的效益与调节控制

农业效益是指农业能够满足人类利益的效果，包括社会效益、经济效益、生态效益。

（一）农业的社会效益

农业的社会效益通常是指农业能够满足人类社会最基本需求（包括食物、衣着、燃料、住房和就业机会等）的效果，它决定了农业在社会稳定中的基础地位。

农业对人类的基本需求具有不可替代性，原因如下：大多数食物、饮料和药用植物还未找到可替代的工业品；代用品的性能比不上天然产品；某些代用品的生产成本昂贵，无法与相应的农产品竞争；消费者对农产品的消费习惯难以改变；代用品也受到能源或其他资源缺乏的限制；有些产品也出现以农产品替代工业品的趋势。

（二）农业的经济效益

农业的经济效益是指农业在促进社会经济发展方面的效果，包括劳动者通过农产品商品交换后获得的可用于扩大再生产和改善生活的利润、国家通过各种农业税从农业中获得的资金，以及农业生产和再生产过程中劳动占用和劳动消耗量同农业生产成果的比较。农业经济效益常用产出与投入的比值来度量，比值越大，经济效益越好，比值越小，经济效益越差。

（三）农业的生态效益

农业的生态效益是指农业在保护和增殖资源，以及改进生态环境质量方面的效果。

二、我国的生态问题及防治

水土流失、沙漠化和土壤盐碱化是现代农业发展过程中面临的世界性问题，因此水土流

失的控制、沙漠化的治理和土壤盐碱化的综合防治是衡量生态效益的重要指标。

（一）水土流失

水土流失又叫作土壤侵蚀，是土壤退化的首要问题，已成为中国的首要环境问题。

1. 水土流失的原因

水土流失是人为因素和自然因素综合作用的结果，是人口、资源环境、社会叠加效应的反映。水土流失的主要原因有：地形复杂，山地、高原、丘陵占国土面积的69%；大部分地区降雨集中，雨水的冲刷强度大；森林覆盖率低，且分布不均匀；迫于人口压力，大肆开垦土地，特别是坡耕地。自然因素是内因，人为因素是外因，而人口的增加和人类活动则是主要原因。

2. 水土流失的危害

水土流失的主要危害有：土壤表土中所含养分流失，造成土壤贫瘠；水域下游泥土淤积，阻塞航道、水库；造成流失区农民的贫困。

3. 水土流失的防治

水土流失的防治必须从流域生态系统优化的角度出发，将生物工程与农业措施相结合，以流域为单位，应用生态工程原理，实行山、水、田、林、路综合与连续治理。

（二）沙漠化

沙漠化是指包括气候变异和人类活动在内的各因素造成的干旱地区的土壤退化，是人类面临的十大全球性的生态环境问题之一。

1. 沙漠化日益加剧的原因

人类的活动是沙漠化的主要外因，人口的增长增加了生产的需求，加大了现有生产性土地的压力，使其逐渐演变为正在发展中的沙漠化土地。

2. 沙漠化的防治

沙漠化的防治措施如下。

（1）林草措施。营造农田防护网和防沙林带，降低风速，防止大面积流沙侵入绿洲，保护农田免受沙害。

（2）农田耕作措施。通过增加地面覆盖增强地表抗蚀力。

（3）水利措施。发展水利，增加农田有效灌溉，增加产量，改变广种薄收的种植方式，退耕还林、还草。

（三）土壤盐碱化

土壤盐碱化通常是指由于灌溉不当、用水过量等原因引起地下水位上升，从而造成土壤中盐分积聚的过程。

1. 土壤盐碱化的原因

土壤盐碱化的原因如下。

（1）自然因素：有蒸发大于降雨的气候因素，地下水位高、水质矿化度大的水文因素，低洼内涝、易于积盐的地形因素，含盐量高的海潮的浸渍等因素。

（2）人为因素：由于排灌不利，耕作管理粗放，引起地下水位抬高，加之强烈蒸发，使得土壤表层积盐，发生次生盐碱化。

2. 土壤盐碱化的防治

土壤盐碱化的防治措施如下。

（1）工程措施。改善农业生产基础条件所实施的治水、改土等农田水利工程，如排水、灌溉及其配套建筑物的建设等。

（2）生物措施。种植耐贫瘠、耐盐碱的作物，改善生态条件，逐步提高地力。

（3）农业措施。调整种植业和农业结构，合理利用土地资源，用养结合，培肥地力，提高土地生产力。

三、农业生态系统的调节控制特点

（一）农业生态系统的调控层次

从自然生态系统继承的非中心式调控机制是农业生态系统的第一层调控，这个层次的调控主要通过生物与其环境、生物与生物的相互作用，以及生物本身的遗传、生理、生化机制来实现。

由直接操作农业生态系统的农民或经营者充当调控中心的人员直接控制构成第二层调控，这个层次的人员可直接调度系统的重要结构与功能。农业生产技术是这个层次的主要调控形式之一。

农业生态系统调控机制的第三层调控是社会间接调控，这一层次通过社会的财政系统、金融系统、通信系统、行政系统、政法系统、科教系统等影响第二层次的农民或经营者的决策和行动，从而间接调控农业生态系统。

（二）自然调控

自然生态系统的调控是通过非中心式调控机制实现的。生态系统越趋于成熟，自然信息的沟通越丰富，控制系统的和谐、协调、稳定等特点也就越明显。自然调控可分为以下几种。

（1）程序调控。生物的个体发育、群落演替都有一定的先后顺序，不会颠倒。群落的演替与物种间的营养关系、化学关系都有关。

（2）随动调控。动、植物的运动过程能跟踪一些外界目标，如向日葵的花跟着太阳转，植物的根向着有肥水的方向伸等。

（3）最优调控。生态系统经历了长期的进化过程，现存的很多结构与功能都是最优的或接近最优的。

（4）稳态调控。自然生态系统形成了一种发展过程中趋于稳定、干扰中维持不变、受破坏后迅速恢复的稳定性。

【复习思考】

（1）简述水土流失的原因、危害及防治措施。

（2）简述沙漠化的原因、危害及防治措施。

（3）简述土壤盐碱化的原因、危害及防治措施。

项目 10　植物生长的物质循环调控

【项目目标】

掌握植物生长系统中物质循环的概念及特征,理解植物生长系统中主要物质循环的过程及其影响因素,了解农业生态系统中的养分循环与平衡。

【项目说明】

生态系统中的物质是指系统中生物维持生命所必需的无机和有机物质,包括碳、氧和氮等几种大量元素,以及铜、锌和硼等多种微量元素。如果说能量是生态系统维持与运转的基本动力,那么物质便是生态系统存在的基本形式,物质通过重组与分解的不断循环执行着系统的能量流动、信息传递等的载体功能。物质的循环因所经过的途径、循环中物质存在的形式等的不同在循环方式和特点等方面有所差异。农业生态系统中的物质循环因受人类活动的调控与干扰,同自然生态系统的循环又有着明显不同,既存在着物质循环效率提高的优点,同时也存在着某些物质循环不畅等问题。了解农业生态系统中物质循环的规律及问题,对分析系统的健康状况、保证系统的正常运转及优化农业生态系统的结构有重要意义。

任务 1　植物生长的主要物质循环控制

【任务重点】

物质循环的特性指标,物质循环的类型,植物生长的主要物质循环的特点。

【任务难点】

人类活动对水的地质大循环的干扰,人类活动对碳的地质大循环的干扰,人类活动对氮的地质大循环的干扰,人类活动对磷的地质大循环的干扰。

【任务内容】

一、物质循环的概念及特征

（一）物质循环的概念

生物地球化学循环,是指各种化学元素和营养物质在不同层次的生态系统内,乃至整个生物圈里,沿着特定的途径从环境到生物体,从生物体再到环境,不断进行流动和循环的过程。几乎所有的化学元素都能在生物体中发现,但在生命活动过程中,只需要 30～40 种化学元素,这些元素根据生物的需要程度可分为两类。

1. 大量营养元素

大量营养元素是生物体生命活动所必需的,同时在生物体内含量较多,包括碳、氢、氧、氮、磷、钾、硫、钙、镁、钠。其中,碳、氢、氧、氮、磷五种元素既是生物体的基本组成成分,同时又是构成三大有机物质(糖类、脂类、蛋白质)的主要元素。大量营养元素是食物链中各种营

养级之间能量传递的最主要的物质形式。

2. 微量营养元素

微量营养元素在生物体内含量较少,如果数量太大可能会造成毒害,但它们又是生物生命活动所必需的,无论缺少哪一种,生物体都可能停止发育或发育异常,这类元素主要有铁、铜、锌、硼、锰、氯、钼、钴、铬、氟、硒、碘、硅、锶、钛、钒、锡、镓等。

(二)描述物质循环的特性指标概述

1. 库与流

物质在运动过程中被暂时固定、储存的场所称为库。库有大小、层次之分,从整个地球生态系统来看,地球的五大圈层(大气圈、水圈、岩石圈、土壤圈和生物圈)均可称为物质循环过程中的库,而在组成全球生态系统的亚系统中,系统的各个组分也称为物质循环的库,一般包括植物库、动物库、大气库、土壤库和水体库。每个库又可继续划分为亚库,如植物库可分为作物、林木、牧草等亚库。

物质在库与库之间循环转移的过程称为流。生态系统中的能流、物流和信息流使生态系统各组分密切联系起来,并使系统与外界环境联系起来。没有库,环境资源就不能被吸收、固定、转化为各种产物;没有流,库与库之间就不能联系、沟通,物质循环就会短路,生态系统也将瓦解。

2. 生物量

在某一特定观察时刻,单位面积或体积内积存的有机物总量称为生物量,它可以是特指的某种生物的生物量,也可以指全部植物、动物和微生物的生物量。生物量又可称为现存量。生产量是现存量与减少量(取负值)的总和。减少量是指由于被取食、寄生或死亡、脱毛、产茧等损失的量,不包括呼吸损失量。

3. 周转率与周转期

周转率和周转期是衡量物质流动(或交换)效率高低的两个重要指标。周转率是指系统达到稳定状态后,某一组分(库)中的物质在单位时间内所流出的量或流入的量与库存总量的比值。周转期是周转率的倒数,表示该组分的物质全部更换平均需要的时间。物质在运动过程中,周转速率越高,则周转 1 次所需的时间越短。

物质的周转率用于生物的生长则称为更新率。不同生物的更新率相差悬殊,一年生植物当生长发育期结束时生物的最大现存量与年生产量大体相等,更新率接近 1,更新期为 1 年。森林的现存量是经过几十年甚至几百年积累起来的,所以比净生产量大得多。

4. 循环效率

当生态系统中某一组分的库存物质,一部分或全部流出该组分,但并未离开系统,并最终返回该组分时,系统内便发生了物质循环。循环物质与输入物质的比例,称为物质的循环效率。

(三)物质循环的类型

1. 按循环的范围与周期分类

根据物质循环的范围和周期,可将其分为地质大循环和生物小循环两类。

1)地质大循环

地质大循环是指物质或元素经生物体的吸收作用,从环境进入生物有机体内,然后生物有机体以死体、残体或排泄物形式将物质或元素返回环境,进入五大自然圈层的循环。五大自然圈层是指大气圈、水圈、岩石圈、土壤圈和生物圈。地质大循环具有范围大、周期长、影响面广等特点。地质大循环几乎没有物质的输出与输入,是闭合式的循环。

2)生物小循环

生物小循环是指环境中的元素经生物体吸收,在生态系统中被相继利用,然后经过分解者的作用,回到环境后,很快再为生产者所吸收、利用的循环过程。生物小循环具有范围小、时间短、速度快等特点,是开放式的循环。

2. 按物质循环的主要存在形式分类

根据物质循环的主要存在形式,可将物质循环分为两大类。

1)气相型循环

元素或化合物可以转化为气体形式,通过大气进行扩散,弥漫在陆地或海洋上空,这样在很短的时间内可以实现大气库和生物库的直接交换,或通过大气库与土壤库的交换后再与生物库交换,为生物重新利用,循环比较迅速。

2)沉积型循环

许多矿物元素的储藏库主要在地壳里,经过自然风化和人类的开采冶炼,从陆地岩石中释放出来,为植物所吸收,参与生命物质的形成,并沿食物链转移。然后动、植物残体或排泄物经微生物的分解作用,将元素返回至环境中。这些元素除一部分保留在土壤中供植物吸收利用外,剩余部分以溶液或沉积物状态进入江河,汇入海洋,经过沉降、淀积和成岩作用变成岩石,当岩石被抬升并遭受风化作用时,该循环才算完成,在此过程中几乎没有或仅有微量的元素进入到大气库中。如磷、硫、碘、钙、镁、铁、锰、铜、硅等元素的循环即属于此类循环。这类循环是缓慢的、非全球性的,并且容易受到干扰。

二、水的地质大循环

水资源是与人类关系最密切、开发利用得最多的自然资源,目前全球每年生产、生活消耗用水达 3 万亿吨以上,远远超过其他自然资源的用量。因此,研究与了解水的地质大循环规律及存在的问题具有重要意义。

（一）水的分布与循环

在自然界中,水以固态、液态和气态的形式分布于岩石圈、水圈、大气圈、土壤圈和生物圈几个储藏库中。陆地淡水以冰雪、地下水、地表水和大气水等形式存在,形成淡水亚库。

水的地质大循环又可分为大循环和小循环两种。大循环是指水从海上蒸发,输入内陆上空遇冷凝结形成降水,降水在地表形成径流,最终流入大海的循环过程;水汽不断从海洋向内陆输送,越深入内陆,水汽的含量就越少。小循环是指水汽在海上或陆上凝结降下,后又被蒸发的循环过程;在陆上降下与蒸发不断循环,其径流不流入大海,而流入内陆湖或形成内陆河。内流区的水分小循环具有某种程度的独立性,但它和大循环仍然有联系。从内流区地表蒸发和蒸腾的水分,可被气流携带到海洋或外流区上空降落,来自海洋或外流区的气流,也可在内流区形成降水。水的地质大循环简图如图 10-1 所示。

（二）人类活动对水的地质大循环的干扰

人类长期的工农业活动,从多个方面改变了水分循环的过程和效率。具体如下。

（1）温室效应造成了全球气候变暖,两极的冰盖、冰川及高山雪水大量融化,减少了固

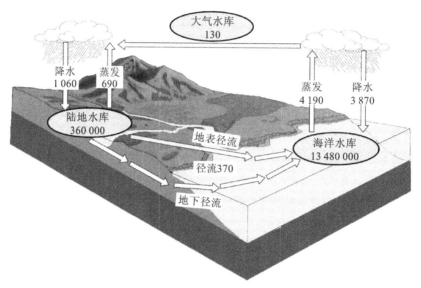

图 10-1　水的地质大循环简图(单位:万亿吨/年)

态水的库存,增加了海水水量,致使海平面上升。

(2)过量开采地表水及地下水,造成了地上断流、地下漏斗、水位下降、下游水源减少、海水入侵、河流干枯、地面下沉等一系列问题。

(3)围湖造田,以及排干沼泽、湿地等,使地表的蓄水、调洪、供水功能减弱,导致地区性的旱涝加剧。

(4)兴建大型的水库、排灌工程,改变了整个流域的水分平衡和水环境,区域生态系统发生相应演替。同时,局部地下水水位的变化,也带来了盐渍化、沼泽化、干旱化等问题。

(5)破坏植被导致区域水分平衡失调。植被对降水有截流、蓄积的作用。植被的破坏和减少,影响了降水及其到达地面的再分配,致使大量季节性降水因土壤保蓄能力差而流走,减少了地下水补给,并引起了严重的水土流失。干旱地区的植被破坏,会使干旱加剧,导致土地沙漠化。

(6)水资源受污染日益严重,使本就稀少的淡水资源更加紧缺。过去人类的活动已造成水质污染,近年来,工业发展较快,虽然环境保护部门制定了有关"三废"处理及防止污染的规定,但贯彻执行不力,城市的污水未经处理就排入水体,特别是许多乡镇企业的工厂在设计时就没有包括管理"三废"的内容,废水、废物排入水体或附近农田,使水质和田地都受到了污染。

三、碳的地质大循环

(一)碳的分布与循环

一个碳原子在地质大循环过程中,大约 2 000 年在大气层中,大约 800 年作为陆地生物体的组成成分(主要是构成植物的木质素),然后作为土壤腐殖质的成分再度过 3 000 年,在海洋同温层之上以无机碳的形式存在 3 000 年,作为海洋中有机碳存在 8 000 年,而存在于稀薄的海洋生物圈中总共不到 30 年,总体来说,碳原子可能需要在流动的地表游弋 100 000 年才能到达海底的沉积物中,而且绝大部分时间在同温层以下的深海中度过(一旦碳原子被深海沉积物所掠获,停留的时间要长得多,可能要 1 亿年),随后固定进入到岩石圈,几亿年后随火山或热泉爆发喷出,开始新的循环。据估计,截至目前,碳原子的这种循环已进行了 20 次,而且还要继续下去。此外,碳以动、植物的有机体形式深埋于地下,在还原条件下,形成化石燃料。当人们开采、利用这些化石燃料时,CO_2 会被再次释放到大气中。碳的地质大循环简图如图 10-2 所示。

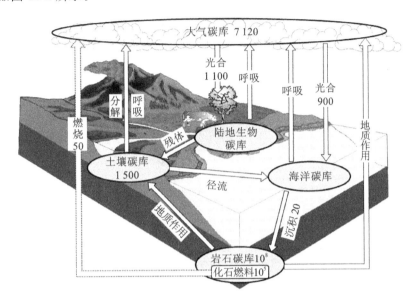

图 10-2   碳的地质大循环简图(单位:亿吨/年)

(二)人类活动对碳的地质大循环的干扰

人类活动可以从多个方面干扰碳循环,从而产生一系列环境问题,其中最主要的活动是燃烧矿物燃料和森林砍伐。

化石燃料的开采,加速了岩石圈中的 CO_2 排放。有关资料表明,目前全球每年开采和利用的化石燃料数量相当于 50 亿吨碳,约相当于大气碳库的 0.7%。这些碳虽然经植物吸收及其他理化作用并未完全排放到大气库,但仍使大气中的 CO_2 浓度有了明显的增加。

植被的大量破坏,特别是森林的大量砍伐减少了生物碳库储量。陆地生态系统储存的总碳量中大约 99.9% 存在于植物体中,因此植被,特别是森林是生物碳的巨大储藏库。

四、氮的地质大循环

(一)氮的分布与循环

全球氮素储量最多的是岩石库,占总氮量的 94%,难以参与循环,其次是大气,煤炭等化石燃料中也含有大量的氮。大气中的氮约占总氮量的 6%,以分子态的氮存在,不能为大多数生物所直接利用。氮气只有通过固氮菌和蓝绿藻等生物固氮、闪电和宇宙线的固氮,以及工业固氮的途径,形成硝酸盐或氨的化合物形态,才能被生物利用。

自然界的氮素循环可分为三个亚循环,即元素循环、自养循环和异养循环。反硝化和固氮是氮素循环中两个重要的流。氮的地质大循环简图如图 10-3 所示。

(二)人类活动对氮的地质大循环的干扰

人类活动对氮的地质大循环的干扰主要表现在以下几个方面。

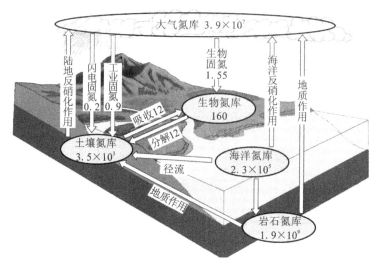

图 10-3 氮的地质大循环简图(单位:万亿吨/年)

（1）含氮有机物的燃烧产生的大量氮氧化物会污染大气,一些氮氧化物是温室气体的成分之一。

（2）发展工业固氮,忽视或抑制生物固氮,造成氮素局部富集和氮素循环失调。

（3）城市化和集约化农牧业使人畜废弃物的自然再循环受阻。其中,人类的农业活动对氮循环的影响主要是由于不合理的作物耕作方式及氮肥施用方式而引起的氮素流失与亏损。

（4）过度耕垦使土壤氮素含量,特别是有机氮含量下降,土壤整体肥力持续下降。

五、磷的地质大循环

（一）磷的分布与循环

农业中的磷肥来自于含磷岩矿中的磷酸盐,经天然风化或化学分解之后,变为不同溶解程度的磷酸盐,供给作物吸收利用。磷矿可开采部分的数量相当于现有生物体含磷量的$1 \sim 10$倍,但在世界上的分布很不均匀。

磷循环属于较简单的沉积型循环,缓冲力较小。土壤中的磷素,一部分溶解于地表水中,一部分则随土壤矿物一起在水土流失中离开土壤,沿着河流汇入海洋。在海洋中的磷素一小部分被浮游植物吸收,并沿食物链逐级传递。人类在捕鱼过程中可将一部分磷素返回至陆地,另外,海鸟粪便中的磷素也可返回至陆地。人们每年开采的磷酸盐为 $1.0 \times 10^6 \sim 2.0 \times 10^6$ t,在农业生态系统中施用,最后大部分被冲洗流失。磷素一旦进入地质大循环过程,就需要极长的时间才能被陆地生态系统利用。如何减少水土流失,将磷素保留在生物小循环之内,是农业生态系统控制磷素循环的关键所在。磷的地质大循环简图如图 10-4 所示。

（二）人类活动对磷的地质大循环的干扰

1. 磷矿资源的开采与消耗

据统计,从 1935 年至 1990 年间,磷矿总开采量达 3.79×10^9 t,相当于 5×10^8 t 磷。1990 年,全球磷矿开采量为 1.5×10^8 t,相当于 2×10^7 t 磷,这意味着 20 世纪,特别是 20 世

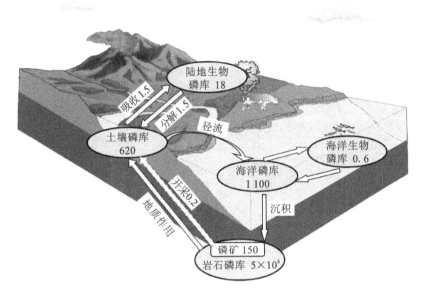

图 10-4　磷的地质大循环简图(单位:亿吨/年)

纪 70 年代以来,岩石圈的磷参与生物地球化学循环的速度增长了近百万倍。按这一速度,地球上的磷矿可开采 750 年,而形成这些磷矿库则可能需要上亿年的时间。

2. 磷肥的施用与流失

土壤中的磷随着径流及水土流失每年由陆地流入海洋,而随着农业施肥数量的不断增长,这种流失速率也迅速增大,因为人工开采的磷几乎全部被化学加工成可溶态而或迟或早地进入到生物地球化学循环。据统计,每年全世界由大陆流入海洋的磷酸盐大约为 1.4×10^7 t,与目前的磷矿开采量相当。磷素在循环流失过程中,因在淡水水域或海水局部水域的浓度过大,带来了水域富营养化等环境问题。

六、钾的地质大循环

钾是植物体内非常活泼的元素,是多种酶的活化剂,它具有促进植物光合作用、碳水化合物代谢、蛋白质合成和共生固氮等生理功能。作为植物三大营养元素之一的钾,在地壳中的储量排在第七位,平均丰度为 26 g/kg。

钾的地质大循环与磷的地质大循环循环过程相似,均为沉积型循环,土壤圈中的钾是循环中最活跃的部分,同时每年约有 2.03×10^7 t(以 1991 年为例)钾肥施入土壤,经作物吸收后进入生物圈。生物圈与土壤圈中的钾通过淋失和水土流失的方式,进入到淡水库并最终进入到海洋圈中。由于钾以活泼态的离子形式参与循环为主,因此比磷更易流失,循环中的流失量大于磷。全球钾矿据估算约为 1 250 亿吨,以目前的开采速度,可开采 400 年左右。钾的地质大循环简图如图 10-5 所示。

【复习思考】

(1) 简述人类活动对水的地质大循环的干扰。

(2) 简述人类活动对碳的地质大循环的干扰。

(3) 简述人类活动对氮的地质大循环的干扰。

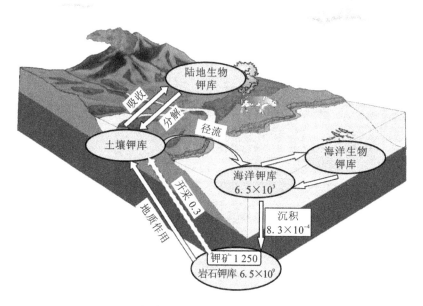

图 10-5　钾的地质大循环简图（单位:亿吨/年）

（4）简述人类活动对磷的地质大循环的干扰。

任务 2　农业生态系统中养分循环与平衡

【任务重点】

　　农业生态系统中养分循环与输入输出一般模式,农业生态系统中氮素循环模式与特点,农业生态系统中磷素循环模式与特点,有机质在农田养分平衡中的作用与利用。

【任务难点】

　　农业生态系统中氮素的主要输入途径,农业生态系统中磷素循环模式与特点。

【任务内容】

一、农业生态系统中养分循环与输入输出一般模式

　　生物小循环的过程是与生物接邻的环境(土壤、水、大气)中元素经生物体吸收,在生态系统中被生产者、各级消费者相继利用,然后经过分解者的作用,回到环境后,很快再为生产者所吸收、利用的循环过程。对陆地生态系统而言,生物小循环一般只涉及土壤库与生物库,其中生物库又可分为植物亚库、动物亚库和微生物亚库。土壤库又可分为土壤有机亚库、土壤速效亚库和土壤矿物亚库。因微生物主要以土壤有机质为食,故微生物亚库和土壤有机亚库可视为一体。动植物生长所需要的养分是经由"土壤—植物—动物—微生物—土壤"的渠道而流动的。在大多数情况下,许多循环是多环的,某一个组分中的元素在循环中可通过不同途径进入另一个组分。

　　农业生态系统中,植物亚库即农业作物亚库,包括作物地上和地下部分所含的养分;动物亚库主要为畜禽亚库,由消费植物产品的动物所持有的养分组成,在农业生态系统中,人

类被单独列为一个亚库；微生物亚库与土壤有机亚库为一体；土壤速效亚库与生物循环直接相关，是物质再循环的中转站。养分在上述亚库间流动，形成系统内的生物小循环。

即便是在人工强烈干预之下，农业生态系统中的养分实现完全的生物小循环也是很困难的。一部分养分或脱离小循环过程进入到地质大循环，如以挥发、流失、淋溶等非生产的输出的方式进入到大气、水圈等储存库中，或以农、畜产品的目标产品的方式输出进入到另一生态系统中。同时，也有养分逆向以肥料、饲料等的直接输入方式和灌溉、降水、生物固氮及沉积物等的间接输入方式从其他农业生态系统或储存库进入到该系统中。这种输入输出现象在各个库、亚库中均存在。各种养分因分属于气相型循环和沉积型循环，输入输出途径或方式有所不同，但总体上可以归纳出农业生态系统中的养分生物小循环及系统输入输出一般模式，如图 10-6 所示。

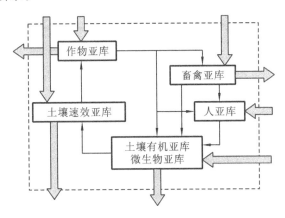

图 10-6　农业生态系统中的养分循环一般模式图

二、农业生态系统中氮素循环模式与特点

（一）农业生态系统中氮素循环与平衡一般模式

陆地农业生态系统中，氮素通过不同途径进入土壤亚系统，在土壤中经各种转化和移动过程后，又按不同途径离开土壤亚系统，进入以作物亚系统为主的其他系统，形成了土壤、生物、大气、水体紧密联系的氮素循环（见图 10-7）。

归纳起来，一个陆地农业（农田）生态系统中氮素的流动大约可包括 30 条途径。除生物小循环的固定流以外，还有 8 条输入流（种苗、大气吸收、生物固氮、化肥、风化、有机肥、食品、饲料及垫草）和 10 条输出流（农产品输出、残渣燃烧、厩肥氨挥发、畜产品输出、厩肥输出、淋失、固定、径流、农田氨挥发、反硝化）。

（二）农业生态系统中氮素的主要输入途径

大气库是农业生态系统的氮素主要源，输入到农业系统的生物小循环的途径主要有四条。

1. 生物固氮

生物固氮即通过豆科作物和其他固氮生物固定空气中的氮。生物固氮主要有共生固氮、自生固氮和联合固氮三种类型，其中共生固氮贡献最大。共生固氮是指某些固氮微生物与高等植物或其他生物紧密结合，产生一定的形态结构，彼此进行物质交流的一种固氮形式。据估计，农业生态系统中的豆科植物——根瘤菌的共生固氮量占整个生物固氮量

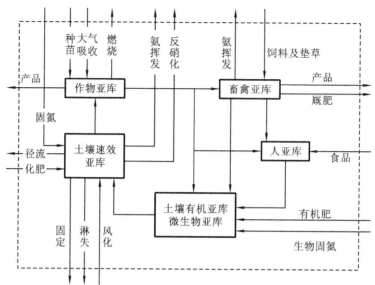

图 10-7 农田生态系统中的氮素循环与平衡图

的 70%。

2. 化学固氮

化学固氮即通过化工厂将空气中的氮合成氨,然后进一步加工,制成各种氮肥。

3. 闪电固氮

闪电也会使少量氮氧化,形成硝酸,随降雨进入土壤。

4. 氮沉降

大气氮沉降是全球变化的重要现象之一。近几十年来,化肥使用的增加和化石燃料的燃烧造成氮沉降量迅速增加,带来的一系列生态问题日趋严重。过剩的氮沉降将增加 NH_4^+ 的硝化和 NO_3^- 的淋失,加速土壤的酸化,影响树木和作物的生长及生态系统的功能和生物多样性,危害农业生态系统。

自然界的自发固氮数量巨大,每年全球估计有 1 亿吨之多,为工业固氮的 3 倍,在这些固定的氮中,约有 10% 是通过闪电完成的,其余 90% 是由微生物完成的。从提高农业生态系统氮素循环及利用效率的角度来看,应当积极种植豆科作物,培育其他固氮生物,合理施用化学氮肥,以便更好地实现系统的增产增效。

(三)农业生态系统中氮素的主要输出途径

农业生态系统中氮素输出的途径很多,但从服务于人类的角度来看,非生产目标性的损失主要有四个方面,即挥发、淋失、径流和反硝化。

(1)挥发损失:由于有机质的燃烧、分解或其他原因导致氮以氨的形式挥发损失。

(2)氮的淋失:主要是硝态氮由于雨水或灌溉水淋洗进入深层土壤或地下水而损失,这也是部分地区地下水被污染的原因之一。

(3)径流损失:主要发生在南方水田地区或降水量较大的地区,由于农田生态系统中氮素投入大,土壤含氮量在某些阶段偏高,易随田间径流进入到地表水而损失,一定条件下还会造成地表水的富营养化问题。

(4)反硝化作用:在水田中或土壤通气不良时,硝态氮会受反硝化作用而变成游离氮,导致氮素损失。

近几年来的实验研究资料显示,我国几种主要氮肥的利用率一般为 25%～55%,也就是说,有 45%～75% 的氮素没有被作物吸收利用,造成很大浪费。因此,弄清氮在土壤中的转化规律,以及防止氮素损失、提高肥效的有效措施,是合理施用氮肥的基本前提。

（四）农业生态系统中提高氮素利用效率的主要措施

依据农业生态系统中氮素循环与平衡的特点,目前农业生态系统中可采取以下针对性措施控制系统氮素的无效输出,提高其循环效率:平衡施肥和测土施肥,充分发挥生物固氮的作用;改进施肥技术,包括分次施肥、氮肥深施,减少挥发损失;施用缓效氮肥;使用硝化抑制剂,如脲基硫脲、双氰胺等;合理灌溉,消除大水漫灌等方式造成的深层淋失;防止水土流失和土壤侵蚀,消除和减少土壤耕层氮素的径流损失。

秸秆,特别是豆科作物的秸秆中含有一定的氮素,从合理利用氮素和能源来考虑,以作物秸秆作燃料是不经济的,因为它会使已经固定的氮素完全挥发损失。利用作物秸秆的要点如下:第一,能作饲料的有机物质,尽量先作饲料,使植物固定的氮素为动物所利用,以增加畜产品,促进农牧结合;第二,以牲畜粪尿和作物秸秆作为沼气池原料,在密闭嫌气条件下发酵,既能解决燃料问题,又能很好地保存氮素;第三,以沼气发酵后的残余物再作肥料,既减少了病菌虫卵,又提高了肥效。由此可见,"植物秸秆—动物饲料—能源原料—优质肥料—植物养料"的物质循环途径,充分利用了植物有机物质和氮素,为培肥土壤和增加畜产品创造了有利条件。

三、农业生态系统中磷与钾的循环模式与特点

（一）磷与钾的循环与输入输出模式

磷与钾的循环与输入输出模式如图 10-8 所示。

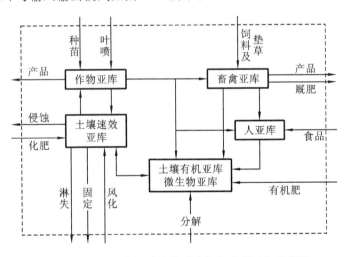

图 10-8　农田生态系统中的磷素与钾素循环与平衡图

与氮素的气相型循环相比,属沉积型循环磷与钾的生物小循环与输入输出模式相对简单,大体包括 24 条途径。除生物小循环的固定流外,还有 7 条输入系统的流(种苗、叶面喷施、化肥、风化、外源有机肥、食品、饲料及垫草)和 6 条输出系统的流(作物产品输出、畜产品输出、厩肥输出、淋失、固定、侵蚀)。

（二）农业生态系统中磷素循环与平衡的特点

磷的系统外输入主要有化肥输入、有机肥输入与风化三条途径。土壤中全磷含量虽较高,占土壤干重的 0.03％～0.35％(以 P_2O_5 计),但主要呈不溶态,风化速度较慢;能被植物利用的速效磷含量很低,中等肥力土壤中的溶解态磷仅为 5 mg/kg,相当于全磷的 1/4 000,较肥沃的土壤中的溶解态磷也仅为 20～30 mg/kg。活的有机体和死亡的有机体中的有机磷在循环中占有极其重要的地位,有机磷易于转变为有效磷为植物所利用,而且生物体及残茬中的有机物能够促进土壤沉积态磷的有效化。

磷的输出中,农产品输出的纯磷总量约为 $9.45×10^6$ t,但绝大部分农产品所带走的磷会以有机肥的形式返回到农田生态系统中。土壤的固定和侵蚀则是非目标性输出,是导致养分循环效率降低的两种主要途径。磷的固定是指有效性无机磷无效化的过程,包括胶体代换吸附固定、化学固定和生物固定。

（三）农业生态系统中钾素循环与平衡的特点

1. 钾的输入

农业生态系统中钾的主要输入途径有矿物风化、作物残茬回田、有机肥及钾肥施用。土壤中钾的含量比氮和磷丰富得多,通常为土壤干重的 0.5％～2.5％(以 K_2O 计)。土壤中的钾可分为速效钾、缓效钾和矿物性钾(难溶性钾)。

2. 钾的输出

农田生态系统中钾的主要输出途径也是作物产品的输出、侵蚀、淋失和土壤固定,但与磷有所差异。钾的固定分三种形式:胶体吸附固定,即溶液中的 K^+ 通过离子交换被胶体吸附;生物固定,即钾被微生物吸收固定在细胞内部,微生物死亡后再释放出来;钾的晶格固定,主要发生在 2∶1 型次生黏土矿物的晶层间,干湿交替有利于黏土矿物的晶格固定。侵蚀损失也是钾的非目标性输出的主要方式,除土壤侵蚀外,由于钾具有易溶性、活泼性强且在土壤中含量高,因而极易发生随灌水和降水淋失或径流而大量损失的情况。

四、农业生态系统中养分循环的特点

农业生态系统是由森林、草原、沼泽等自然生态系统开垦而成的,在多年频繁的耕作、施肥、灌溉、种植与收获作物等人为措施的影响下,形成了不同于原有自然系统的养分循环特点。

1. 养分输入率与输出率较高

随着作物收获及产品出售,大部分养分被带到系统之外;同时,又有大量养分以肥料、饲料、种苗等形态被带回系统,使整个养分循环的开放程度较之自然系统大为提高。

2. 库存量较低,但流量大,周转快

自然生态系统地表较稳定的枯枝落叶层及土壤有机质形成了较大的有机养分库,并在库存大体平衡的条件下,缓缓释放出有效态养分供植物吸收利用。农业生态系统在耕种条件下,有机养分库加速分解与消耗,库存量大大减少,而分解加快,形成了较大的有效养分库,导致植物吸收量加大,整个土壤养分周转加快。

3. 保持能力弱,容易流失

农业生态系统有机库小,分解旺盛,有效态养分投入量多。同时,生物结构较自然系统

大大简化,植物及地面有机物覆盖不充分,这些都使得大量有效养分不能在系统内部及时被吸收利用,而易于随水流失。

4. 养分供求不同步

自然生态系统养分有效化过程的强度随季节的温湿度变化而消长,自然植被对养分的需求与吸收也适应这种季节的变化,形成了供求同步协调的自然机制。农业生态系统的养分供求关系是受人为的种植、耕作、施肥、灌溉等措施影响的,供求的同步性差是导致病虫害、倒伏、养分流失、高投低效的主要原因。

五、有机质在农田养分平衡中的作用与利用

(一)有机质的作用

有机质是各种养分的载体,经微生物分解能释放出供植物体吸收利用的有效氮、磷、钾等,增加土壤速效养分和缓效养分的含量;有机质能够为土壤微生物提供生活物质,促进微生物活动,加速微生物的矿化作用;有机质经过微生物作用能够转变为腐殖质,从而增加土壤中腐殖质和腐植酸的含量,改善土壤物理状况;有机质具有和硅酸盐同样的吸附阳离子的能力,有助于土壤中阳离子交换量的增加,又能与磷酸形成螯合物而提高磷肥肥效,减少铁、铝对磷酸的固定,对将磷、钾、铁等易于固定的离子保持在缓效性状态中有重要作用;有机质的还田与覆盖,不仅能吸附水分,同时还能减少土壤水分的无效蒸发,因此具有一定的保水、抗旱作用。

(二)有机质的开发途径

有机质主要包括粪、尿、土肥、堆肥、厩肥、秸秆、根茬等,主要来源包括作物的根茬、落叶、落花、秸秆、厩肥,以及土壤中的各种生物遗体和排泄物等。要充分发挥农业生态系统中有机质的作用,提高营养系统内的循环效率,需要做好以下工作。

1. 充分挖掘有机肥源

有机质最终来源于植物体,包括各种农作物有机体和非农作物有机体,因此要注意将农作物有机体充分还田,同时大力开发非农作物有机体的利用。必须用于工业原料的有机体尽量就地加工,作为副产品的渣料用于还田。

2. 合理轮作,创造不同类型的有机质并安排归还率高的作物

不同种类作物的自然归还率不同,其体内各种养分的含量也有较大差异。如油菜的秸秆和荚壳还田的养分占整株作物养分的 50%;大豆、麦类和水稻的归还率为 $40\% \sim 50\%$。在轮作制度中,加入豆科植物和归还率高的植物,有利于提高土壤肥力,保持养分循环平衡。

3. 选择适宜的秸秆还田方式

秸秆是数量较大的有机物质,其还田对养分补偿,特别是对 P、K 补偿具有重要作用。还田方式包括过腹还田、堆沤还田和直接还田三种,其中过腹还田效果最好,但受畜牧业发展限制。堆沤还田能够改善有机肥的理化性质,增加速效养分含量,同时因堆沤过程中的高温腐熟作用,杀死了有机质中携带的病毒、病菌,所以施肥效果也好于秸秆直接还田,但存在占地与费工的不利因素,推荐在劳动力充裕的地区推广。

4. 农、林、牧结合,发展沼气

利用农、林、牧的废弃物发展沼气,既可解决农村能源问题,减少用于燃料的秸秆数量,

又可使废弃物中的养分变为速效养分,作为优质肥料施用。

5. 农产品就地加工,提高物质的归还率

花生、大豆、油菜、芝麻榨油后,返回的是油饼,随油脂输出的仅仅是碳、氢、氧的化合物,氮、磷、钾等营养元素可保留在生态系统中。50公斤皮棉含氮量仅相当于1公斤硫酸铵,而棉花从土壤中吸收的大量营养元素都保存在茎、叶、铃壳和棉籽中,用棉籽榨油,棉籽屑养菇,棉籽饼作饲料或肥料,将茎、枝、叶粉碎后作饲料,变为粪肥后还田。将蚕豆、甘薯加工成粉丝出售,留下粉浆、粉渣喂猪,换回猪粪肥田。

(三)有机质利用中需要注意的问题

有机质在农田中虽有多种作用,但在应用过程中也存在很多问题。首先,有机质数量有限,好的有机质来源于农业产出,由于工业利用与农田养分无效损失的存在,单纯依靠有机肥的作用是不能实现农田养分完全循环与平衡的,需要与无机肥配合使用。其次,有机肥在制造与施肥过程中可能存在一定程度的大气、土壤环境污染。最后,有机质中含有大量的碳源,是微生物的能量来源,有机质的大量还田必然带来土壤微生物的大量繁衍,导致在一定的时间段内微生物与作物争氮及其他营养元素的现象发生,农田大量秸秆还田后出现的黄苗现象就是这种竞争发生的典型症状。因此,在有机质的还田过程中要注意适当地补充氮素等其他营养元素。

【复习思考】

(1)农业生态系统中提高氮素利用效率的主要措施有哪些?
(2)有机质的开发途径有哪些?
(3)有机质利用中需要注意的问题有哪些?

任务3　人类干扰物质循环导致的重大环境问题分析

【任务重点】

化肥对环境的污染,农药对环境的污染,温室效应,水体富营养化,生物放大现象。

【任务难点】

温室效应对环境及农业的影响,水体富营养化的危害。

【任务内容】

在人类大规模的干预之前,各种物质元素在五大物质库之间进行着相对稳定的循环转换,保持着相对的平衡。然而工业革命以来,由于各种生产和生活活动对物质循环的库与流造成了各种影响,特别是对碳、水及氮等的循环影响最为显著,进而衍生出了人类正面临的诸多环境问题,如环境污染、温室效应、水体富营养化、生物浓缩等。

一、化肥对环境的污染

化肥对作物的增产起着重要的作用,但是化肥的施用给环境造成了严重的影响,特别是过量施用化肥,不但不能使作物增产,而且会造成高浓度的危害,甚至使大量肥料白白浪费流失。化肥对环境的污染可分为对土壤、水体、大气等的污染,同时化肥的施用还会影响作物对重金属元素的吸收。

（一）化肥对土壤的污染

磷肥、锌肥、硼肥是以矿产为原料的，如磷矿、铅锌矿、硼矿等，这些矿石常含有数量不等的某些污染元素。其中，锌肥和硼肥在农业上用量很少，所以化学肥料对土壤的污染主要是指磷肥对土壤的污染。磷肥的原料磷矿石，除富含 P_2O_5 外，还含有其他无机营养元素（如钾、钙、锰、硼、锌等），同时也含有有毒元素（如砷、镉、铬、氟、钯等），其中镉和氟的含量因矿源的不同而有很大差异。

（二）化肥对水体的污染

1. 化肥与水体富营养化

水体富营养化已成为严重的环境问题之一。化肥的不适当施用是引起水体富营养化的主要原因，这里起关键作用的元素是氮和磷。

2. 化肥与地下水污染

土壤和化肥中的营养物质会随水往下淋溶，通过土层进入地下水，造成地下水污染，而地下水在不少地方是供人畜饮用的，因此，地下水的状况对人畜的健康有一定的影响。

（三）化肥对大气的污染

与大气污染有关的营养元素是氮。在水饱和或质地密实的土壤中，或在富氮的水底层都可以发生反硝化作用。我国尤其是南方，稻田面积大，氮肥施用量大，降雨多，发生反硝化作用的区域面积大，生成的 NO_x 会扩散到大气层中而对同温层上的臭氧含量产生不利影响。NO_x 与稻田产生的 CH_4 及卤代烃等均是温室效应气体，这些气体浓度的增加提高了大气保持红外线辐射的能力，从而增加了全球的温室效应。

氨的挥发与有机肥的恶臭主要来自施肥不当，如有机肥施用后未及时翻入土壤中，氮素化肥表施等，挥发到大气中的氨通过降雨又回到土壤中再利用，回到河流、湖泊的部分会增加水体中氮的负荷。有机肥的恶臭主要来自其中的含硫化合物，它在集中饲养禽、畜的地方特别突出，要加以治理。

二、农药对环境的污染

（一）农药对大气的污染

农药通过各种途径进入大气后在大气中发生物理、化学变化，使大气中有害物质发生各种转化，转化的结果有利有弊，利的方面是可使污染物浓度降低（通过降解和消除），弊的方面是会使污染物向其他介质中转化，污染新的介质（土壤、水）或转化为更有害的物质。

在防治作物、森林及卫生害虫、病菌、杂草和鼠类等有害生物而喷洒农药时，有相当一部分农药会直接飘浮在大气中，尤其以飞机喷洒或使用烟雾剂时进入大气的量为最多。附着于作物体表的，或落入土壤表层的农药也有一部分被浮尘吸附，并逐渐向大气扩散，或者从土壤表层蒸发进入大气中。由农药厂排放出的废气，也是大气中的农药污染源。

（二）农药对水体的污染

农药在水中的溶解度不大，但可吸附在水中的微粒上，随地表径流进入水体。农药在水体中极易进行水解，水解速度随水温的升高而加快，经水解常生成低毒物质。大多数磷酸酯类农药的水解较迅速，有机氯农药的水解则较慢。多数农药在水溶液中还能发生光化学分解。

（三）农药对土壤的污染

农药进入土壤后，与土壤中的固体、气体、液体物质发生一系列变化，通过这些变化，土壤中的农药有以下三种归宿：土壤的吸附作用使农药残留于土壤中；农药在土壤中进行气迁移和水迁移，并被作物吸收；农药在土壤中发生化学、光化学和生物降解作用，残留量逐渐减少。

三、温室效应

（一）温室效应的概念及产生

大气中的二氧化碳（CO_2）、甲烷（CH_4）、一氧化二氮（N_2O）、臭氧（O_3）、氯氟烃（CFCs）、水蒸气（H_2O）等可以使短波辐射通过，却可以吸收长波辐射，对地球有保温效果，类似温室的作用，故称上述气体为温室气体，温室气体产生的增温效应称为温室效应。

温室效应原本是一个自然过程，在人类大规模的干预之前，碳元素在岩石圈、水圈、生物圈、土壤圈和大气圈间循环流动，处于相对平衡的状态；大气中的二氧化碳及其他温室气体也基本上稳定在一定的含量，其增温效果与地球热量的外溢保持平衡状态，因此维持着地球表面温度的恒定。然而，工业革命以来，人类大量燃烧化石燃料加速了碳从岩石库向大气库的转移；砍伐森林减缓了碳从大气库向生物圈，进而向岩石库的流动，从而打破了碳素原有的平衡循环状态，使得大气圈的碳库存量增加，增温能力提高，导致温室效应加剧。温室效应的产生过程如图 10-9 所示。

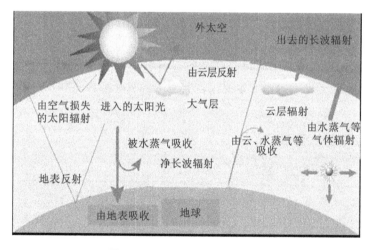

图 10-9　温室效应的产生过程

（二）温室效应对环境及农业的影响

温室效应所导致的全球气候变化对农业会产生直接和间接的影响。气候变暖会引起种植制度的变化，即引起种植制度的界限位移、季节安排的变动、作物和作物品种类型的重组。从经济的角度来看，全球气候变化对农业经济效益的影响主要表现为对作物产量和成本的影响，从而影响农产品的价格。对作物产量的影响，视作物的种类和分布区域不同而异。具体来说，温室效应可产生以下影响。

（1）气温增高，水汽蒸发加速，全球雨量减少，各地区降水形态发生改变。北半球冬季将缩短，并更冷、更湿，而夏季则变长，且更干、更热，亚热带地区将更干，而热带地区则将更湿。

（2）改变植物、农作物的分布及生长力，并加快其生长速度。温室效应对农作物基本上起增产作用，特别是 C3 作物，可能增产 10％～50％，C4 作物增产 0～10％。

（3）病虫害发生变化。温室效应可能能使一些病虫害减少，但又会使许多害虫多繁殖一代导致危害加重。

（4）海洋变暖，海平面将于 2100 年上升 15～95 cm，导致低洼地区海水倒灌，全世界三分之一居住在海岸边缘的人口将遭受威胁。

（5）改变地区资源分布，导致粮食、水源等的供应不平衡，引发经济、社会问题。

（6）人体抗病能力降低。

（7）生态系统受损，动物大迁移，生物多样性降低。

或许从整个地球生态系统的发展来看，温室效应是促进地球生态系统演替的一个重要因素，但是对现阶段的人类来说，这是生存环境对自身的一个挑战，也许若干年后重新达到的平衡状态会将人类抛弃，所以人类应更倾向于选择通过一些改善措施尽量使得碳循环靠近温室效应加剧前的那个平衡状态，而不与整个生态系统一起等待下一个平衡状态。

四、水体富营养化

（一）水体富营养化的概念及产生

水体富营养化是指在人类活动的影响下，生物所需的氮、磷等营养元素大量进入湖泊、河口、海湾等缓流水体，引起藻类及其他浮游生物迅速繁殖，水体溶解氧量下降，水质恶化，鱼类及其他生物大量死亡的现象。工业和生活污水的排放、化肥的过量使用、毁林带来的水土流失等一系列人为原因都加速了氮、磷等营养元素向水圈的转移，而又没有采取相应的措施使其加速转出，因而造成了水体中营养物质的富集。水体富营养化的演替过程如图 10-10 所示。

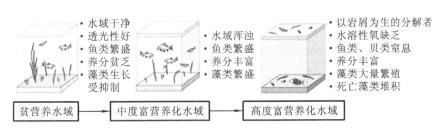

图 10-10　水体富营养化的演替过程

（二）水体富营养化的危害

氮、磷等植物营养元素大量而连续地进入湖泊、水库及海湾等缓流水体，将促进各种水生生物的活性，刺激它们异常繁殖（主要是藻类），这样就会带来如下一系列严重后果。

（1）藻类在水体中占据的空间越来越大，同时衰死藻类沉积于塘底，使鱼类活动的空间越来越小。

（2）藻类及水体微生物过度生长繁殖，它们的呼吸作用和死亡的有机体的分解作用消耗大量的氧，在一定时间内使水体处于严重缺氧状态，严重影响鱼类的生存。

（3）随着水体富营养化的发展，藻类种类逐渐减少，并由以硅藻和绿藻为主转为以蓝藻为主，而一些种属的蓝藻有胶质膜，不适于作鱼饵，其中有一些种属或其分解物是有毒的，会

对鱼类产生毒害作用,并给水体带来不良气味。

五、生物放大现象

生物体从周围环境中吸收某些元素或不易分解的化合物,这些污染物在体内积累,并通过食物链向下传递,在生物体内的浓度随生物的营养级的升高而升高,最终使生物体内某些元素或化合物的浓度超过了环境中的浓度并造成毒害的现象,叫作生物放大作用,又称生物富集作用或生物浓缩。

很多物质主要存在于岩石圈,通过火山爆发等进入大气圈、水圈和土壤圈,进而进入生物圈,而加入人类干预后,这些物质进入生物圈的途径就变成了以下三条:大气圈—土壤圈—生物圈;水圈(废水)—生物圈;土壤圈(污染物)—生物圈。人类的干预活动增加了这些物质从岩石圈向生物圈转移的途径和速度,导致这个生态系统中的生物放大过程进程加快、加大,严重时会造成物种灭绝,危害人类健康,甚至导致死亡。难分解的物质进入生物体内,其浓度随着食物链逐级增加而增加,这一过程对人类来说调控难度是比较大的,因此减轻生物放大现象带来的危害要从减少源头输入入手。

【复习思考】

(1)简述化肥对环境的污染。

(2)简述农药对环境的污染。

(3)简述温室效应对环境及农业的影响。

参 考 文 献

[1]　阎凌云.农业气象[M].2版.北京:中国农业出版社,2005.

[2]　宋志伟.土壤肥料[M].北京:高等教育出版社,2009.

[3]　徐秀华.土壤肥料[M].北京:中国农业大学出版社,2007.

[4]　邹良栋.植物生长与环境[M].北京:高等教育出版社,2010.

[5]　李振陆.植物生产环境[M].北京:中国农业出版社,2006.

[6]　黄建国.植物营养学[M].北京:中国林业出版社,2004.

[7]　吴国宜.植物生产与环境[M].北京:中国农业出版社,2001.

[8]　陆欣.土壤肥料学[M].北京:中国农业大学出版社,2002.

[9]　陈忠辉.植物与植物生理[M].2版.北京:中国农业出版社,2007.

[10]　李小川.园林植物环境[M].北京:高等教育出版社,2002.

[11]　冷平生.园林生态学[M].北京:中国农业出版社,2003.

[12]　吴礼树.土壤肥料学[M].2版.北京:中国农业出版社,2011.

[13]　宋志伟.普通生物学[M].北京:中国农业出版社,2006.

[14]　崔学明.农业气象学[M].北京:高等教育出版社,2006.

[15]　宋志伟,王志伟.植物生长环境[M].北京:中国农业大学出版社,2007.